大都會文化
METROPOLITAN CULTURE

借功

用人才創造錢財

前言

大多數時候，人們總是以為「謀事在人，成事在天」。如今在這個日趨開放的時代裡，「謀事在己，成事在人」將變得更加有意義，也更深得人心。

成功需要什麼樣的條件呢？需要人，不僅僅是參與者自己──個人，其中還有自己的合作者，又有自己的同伴和下屬。

能力再優秀的人，也會有他無知的地方，而能力再低下的人，也會有他所擅長的項目。所以，一個人要想在事業上有所成就，必須把眾人的力量形成一股合力，從而實現目標、創造奇跡。

好的領導者在於善用別人的意見，挖掘眾人的潛力，使他們發揮得淋漓盡致，而絕不是傾盡自己的才能唱「獨角戲」。只要善於彙聚眾人的智慧，把各種樣的人用好，人盡其才，各盡其能，你的事業便可望與旺發達，使你盡享成功的樂趣。

綜觀歷史，高明的領導者無不知人善任，因善於選人用人而成大器者，不勝枚

舉。他們在如何識別、尋覓、求索、使用、培養人才方面，為後人提供了無數的寶貴經驗。劉邦依靠張良、韓信、蕭何，開創漢朝數百年基業。項羽昧於用人，終致眾叛親離，身死國滅。

所以說，連一個人也抓不住的人，也就抓不住成功的機遇。

「人」是最偉大的資源。卓越的人，也就是有傑出成就的人，都會尊重和珍惜每個人的存在。他們重視團隊，重視共同的目標，重視團結的氛圍。

作為一個領導者，要想站得更高，看得更遠，就要像一個球隊的教練一樣，把每個隊員放在最合適的位置上，給他們清晰的目標並適時地激勵他們，使他們發揮最佳的作用。

一句話：善於用人，並能充分地借人之力，你就能最大限度的用人才創造錢財！

6

目錄

contents ·····································

contents

第五章　生意頭腦與市場控制力

第 一 章

建立牢不可破的利益同盟

即使你的工作能力強，思考問題也比其他人深遠，居於
領導地位，你仍然不能仗著「自己比別人強」的想法獨
斷專行。一個成就大事業的人更是如此。如果失去了他
人的幫助，不能利用他人之力，任何事業都無從談起。

借人之力，成己之實

俗話說：「孤掌難鳴、獨木不成橋。」一個涉入社會生活的人，必須尋求他人的幫助，借他人之力，方便自己。一個沒有多少能耐的人必須這樣，一個有能耐的人也必須這樣。就算我們渾身都是鋼，也打不了幾個毛釘，何況我們大多數人也是能力有限。

不過，「他人」只是一個泛泛的概念，有些不著邊際，而且這些「他人」大多是你的陌路人，不太熟悉的人，關係很一般的人，他們都不能實際地幫助你，具體地幫助你。「他人」中只有一種人能夠實際地幫助你，具體地幫助你，那就是──朋友。

這些貼近你的親朋好友，總是給你各種各樣的幫助。當你危難緊急，總是他們幫你排憂解難，渡過危急。或者當你吉星高照時，也是他們為你抬轎唱喏。朋友，是一個特定的圈子。圈子雖小，作用卻難以估測。

利用不是一個醜惡的東西，而是各取所需導致。一個人，無論在工作、事業、愛

情和消閒哪方面，都離不開這種人與人之間的相互利用。朋友就是如此。因為各人的能力和局限，以及人際關係的不同，必須相互利用。借朋友之力，正是一個人高明的地方。

在自然界也是這樣，動物們相互利用，以有利於捕獵、取暖和生殖。獸王更是利用彼此之間的相互關係，以及在這種關係基礎上建立起來的秩序和習慣，以享受最大的優越：可以吃得最多最好，可以占有最美的雌性和最年輕的雌性等等。

就社會和自然狀況來看，單打獨鬥是鬥不贏拉幫結派的。一個人在社會中，如果沒有朋友，沒有他人的幫助，他的境況會十分糟糕。普通人如此，一個成就大事業的人更是如此。如果失去了他人的幫助，不能利用他人之力，任何事業都無從談起。

借朋友之力，使用他人為自己服務，讓自己能成就事業，這是一個人很難能可貴的地方。尤其對自己所欠缺的東西，更要多方巧借。黃巾亂世之中，劉關張邂逅相逢，桃園結義，成就了千古美名，也奠定了西蜀王朝的根基。以後三分天下，西蜀稱帝。劉備始為皇帝，關羽、張飛也成開國元勳，西蜀重臣。

回頭看看，劉關張結義之時，三人均是下層草民。劉備雖是漢室皇親，卻落得流

13

浪街市，販席為生。張飛只是一個屠夫，粗人。關羽殺人在逃，無處立身。三人結義後，彼此借重，相得益彰。

董卓之亂時，呂布稱梟雄。劉關張大戰呂布，卻只打成平手，可見呂布何等英雄。但呂布匹夫無助，枉自豪勇，最終被曹操所殺。而劉關張卻在三國中彼此相仗，日益得勢，最終立國樹勳。這是借朋友之力的一個典型例子。

西漢劉邦，也是一個善借朋友、他人之力者。劉邦出身低微，學無所長。文不能著書立說，武不能揮刀舞槍，但劉邦天生豪爽，善用他人，膽識無雙。早年窮困時，他身無分文，卻敢獨坐上賓。押送囚徒時，居然敢私違王法，縱囚逃散。以後斬白蛇起義，雲集四方豪傑，無論哪種背景的人或敵方的人，最後都為他所有。

如韓信、彭越、英布，這些威鎮天下的悍將英雄，原先都是他的死敵項羽手下的人。至於劉邦身邊的謀臣武將，如蕭何、曹參、樊噲、張良等，都是他早期小圈子裡的人，蕭何、曹參、樊噲更是劉邦的家鄉故鄰，親戚六眷。他們在劉邦楚漢爭戰中，勞苦功高，最終幫助劉邦建立了西漢王朝，也可以說劉邦利用他們成就了自己的帝王之業。

不僅帝王將相需要借他人之力（帝輦雖高，卻須將帥墊托），就是平民百姓也離不開三朋四友。這樣，平時有個三長兩短，緊急偶然，也有幾個說話的，幫襯的，遇事方能應付。俗話說：「一個好漢三個幫，一個籬笆三個椿。」好漢也離不開幫手，籬笆要站穩，離不開幾個椿。這都是在講利用他人之長，借用朋友之力。

吸引優秀的合作者

在多數情況下，想成功，必須仰賴合作者的幫助。與你合作的人愈多，你的運勢就愈旺，如果你又能正確地選擇對你有幫助的人，成功必定指日可待。

但存在於你和合作者間的，不是利害關係，而是「友誼」、「相互的尊重」。

另外，不可對合作者的才能持過高的期望，或強求合作者具備他所沒有的才能。

每個人都有其擅長和不擅長的部分。如果一味要求對方達到你的標準，不管對方是否有能力做到，只知要求，不知體諒感恩，甚至斥責對方、貶損對方，不但於事無補，還會使人心背離，失去優秀的合作者。

那麼，如何才能具備吸引優秀的合作者的魅力呢？

其實一點也不難。只要學會下列三項秘訣，你就能成為別具魅力的人。

1．給予金錢的利益

切莫輕視利益的重要性，因為利益是吸引合作者助你一臂之力的要素，但是，過分重視利益也會破壞友誼的純度。不給對方利益，會毀損你的魅力；給太多則可能適得其反。這之間的尺度，就靠你自己去掌握。

2．滿足情感的需要

所謂情感需要，主要指友情、彼此的夥伴意識。滿足對方對友情的渴求，對方自然樂意助你一臂之力。

3．提高自我重要感

在提高自我重要感方面，要明確地讓對方知道，你多麼需要對方的幫助，而且除了對方，沒有人有能力幫助你。這樣能大大地滿足對方的優越感，樂意為你效犬馬

之勞。

　　如能將上述三項秘訣銘記在心，你便會散發出無比的魅力，吸引優秀的合作者向你靠近，助你邁向成功之路。

一筆不可估量的財富

商業競爭固然激烈殘酷，可是有時候也需要表現出一種真摯的溫情。你可能欣賞一個商業上的朋友，並真心想幫助他做一件事，但這與商業人情不同，因為你無意造成對方的心理負擔。

商業人情是指對某人或因某人請求而做出的姿態，目的就是為了使他覺得欠你一份情。但是，如果為別人做好事卻被視為「為了償還什麼」，那麼其效果將會大大減弱。

有些老闆常常把人家為他們辦的好事和他們為人家做的事記錄下來，以便有機會「扯平」，其實這樣做是極不明智的。

一位精明的老闆應當十分清楚該如何把握與員工的人情，而哪些人情又是不必要償還的。

順水人情也是商業交往中經常會遇到的事。但如果你做得太明顯，就很容易被誤

解並造成虧欠的感覺。另一方面，你的良好用心不一定十分符合他人的利益，很可能會使對方發怒或者根本不感激你。

比較高明的做法是花些時間拜訪某人，請他到一家有名氣的飯店吃飯，席間和他去談一件兩分鐘就能談完的事；你還可以打一個時間較長的電話或乾脆寫一封長信，盡情地把你的所思所想表達出來。

有時候，最令人感動的人情卻是間接的。

維尼和鮑勃是一對生意上的夥伴，一次偶然的機會，維尼得知鮑勃的小兒子是美國著名歌星瑪丹娜的狂熱歌迷。

不久，維尼先生恰好參與組織了一場瑪丹娜的個人演唱會，於是他便給鮑勃打了電話，告訴他有關演唱會的事，並詢問他的兒子是否願意得到一張貴賓入場券。鮑勃的兒子得知此事欣喜若狂，而鮑勃對維尼也是萬分感激。

如果你想打動你的主顧，那就為他的孩子們做點事情吧！孩子的快樂也就是父母的快樂。對你的主顧來說，這要比你為他本人做的任何事還要好得多。

關於你商業上最重要的夥伴的家庭，你知道些什麼？對此，你是否關心，或者花

過時間去瞭解？其實朋友的家庭生活情況往往包含有大量對你有用的資訊。

如果你想做一些能讓人長期感激的人情，那麼你不妨去做對方的中間人，把和你沒有直接利害的雙方撮合在一起，這樣雙方都會銘記你的功勞。

對於一些商業方面的小事，人們似乎記憶得最長久。轉眼問幾年一晃就過去了，直到某一天，人們會突然提起某件事，念起你來、想起你的好處，那麼，這種深刻的「良好」的印象會使你的生活、生意都獲益匪淺。

「人情」真是一筆不可估量的財富。你從事經營活動，無非是想豐富你的生活，實現你的價值，使理想付諸於行動。而所有的這一切，歸根結柢，它們使你幸福、有成就感、有充實感，總而言之，「快樂」圍繞著你。

而「人情」這東西不僅給你財富，還使你擁有被人們歡迎喜愛的充實感、快樂感。記住，「奸商」只能造就一時的得意，卻不能讓你品味美好人生。只有「與人為善」、「共同發財」才能讓你長久而不孤單地成功下去。

與朋友一起做生意

李嘉誠是一個朋友眾多的商人，但李嘉誠還是一個善於與朋友合作的商人，在怎樣與朋友一起做生意這方面，李嘉誠有著一整套心得體會。舉例來說，在投資北京王府井建設的專案中，他與馬來西亞富商郭鶴年的合作就十分有成效。

談到與朋友一起做生意，李嘉誠認為以下三點很重要：

1・互惠互利，共渡難關

李嘉誠認為，當貿易的雙方都遵守互惠原則時，就會演變成自由貿易的關係，反之若有一方不遵守互惠原則就會形成保護主義。向對方敞開大門，既有利於吸收對方的有利方面，也有利於發揮自己的優勢，可以說，這是一個十分有效的商業原則。

從商業的發展來說，企業結盟的最大一股推動力是市場和技術。在過去，不同的技術各自獨立發展，很少重疊。今天，幾乎沒有一門技術和一個領域還是這種情形，

22

即使是大公司的研究部門，也沒有辦法供應公司需要的一切技術。

所以，製藥公司必須和遺傳學家結盟，電腦硬體公司必須和軟體公司結盟。技術發展愈快，企業也就愈需要結盟。在這種結盟的背景下，技術和資訊的交流、資金和人員的滲透，都會給自己的公司和夥伴公司帶來巨大的活力，並極大限度地降低自己的經營成本，所以說，商業合作的魅力就在於此。

2・選擇盟友要共用共榮

李嘉誠認為，商業合作應該有助於競爭。聯合以後，競爭力自然增強了，對付相同的競爭對手則更加容易獲得勝利。但是，有許多公司之間的所謂聯合只是一種表面形式，在利益上並沒有達到共用共榮，這種情況往往就容易讓對手從內部攻破而導致失敗。

戰國時，魏國在選擇聯合對象時所注意的一點是「遠交近攻」。韓、魏、齊三國結成同盟，打算進攻楚國。但楚、秦乃是同盟，不小心謹慎行事，秦國就會出兵援助楚國。因此三國先向楚派出了使者，表明了友好的態度，提出進攻秦國的建議。

三國的提議，對楚國來說是收回曾被秦國掠奪的領土的好機會。楚國答應這個建議的情況被傳到了秦國後，韓、魏、齊三國先向楚發起了進攻，而秦國坐視不管，於是獲得了全勝。楚、秦兩國就是在選擇合作夥伴時不慎，付出了沉重的代價。

由此可知，商業合作必須有三大前提，一是雙方必須有可以合作的利益；二是必須有可以合作的意願；三是雙方必須有共用共榮的打算。此三者缺一不可。

3‧分利與人則人我共興

對於經商，商人一直以謀求利益為經商之目的，所以古語說：「天下熙熙，皆為利來，天下攘攘，皆為利往。」千百年來，商人們抱定一個宗旨：「無利不起早，沒有利潤的事情是商人們所不願意涉足的。」因此，李嘉誠在生意合作中總是抱著「分利與人則人我共興」的態度，與他人積極合作。

當然，與李嘉誠抱有一樣態度的香港商人並不在少數，例如香港地產鉅子郭得勝以他憨厚的微笑和細心的經營，在創業之初，使周圍鄰居不再感到陌生了，生意也日漸好起來，他批發的華洋雜貨及工業原料，價格都很適中，街坊都說他是個「老實商

人」。

說也奇怪，人愈老實，客戶愈喜歡跟你做生意。生意做大了，便又向東南亞拓展市場。一九五二年郭得勝索性改華洋雜貨為鴻昌進出口有限公司，專注洋貨批發。沒多久，街坊不再稱他郭先生，而是議論他是「洋雜大王」了。

實踐證明，採用讓利法則不僅能夠吸引顧客的購買欲，還能夠招徠更多的合作夥伴，使你的財源滾滾而來。無論是李嘉誠還是郭得勝，與人分利、誠實經商都是他們獲得成功的重要秘訣。

誠信無疑，相互信任

日本松下電器公司的前總經理松下幸之助，他用人的一條原則是用而不疑。松下電器的創業初期就以價廉物美的產品名揚四方，這是他在博採眾家之長的基礎上加以創新而成的。

一般來說，在商品競爭激烈的情況下，發明者對技術都是守口如瓶，視為珍寶，但他卻十分坦率地將技術秘密教給有培養前途的下屬。曾經有人告誡他：「把這麼重要的秘密技術都捅出去了，當心砸了自己的鍋。」但他卻滿不在乎地回答：「用人的關鍵在於信賴，這種事無關緊要。如果對同僚處處設防、半心半意，反而會損害事業的發展。」

雖然也發生過公司職員「倒戈」事件，但是松下堅持認為：要得心應手地用人，促使事業的發展，就必須信任到底，委以全權，使其盡量施展才能。這是他根據自己的親身體驗而建立的人生觀和經營哲學。

一般企業中老闆與員工相處的原則是這樣，合夥企業中合夥人相處的原則也是這樣。合夥人的經營管理方式不盡相同，個人的意見也可能不被其他合夥人接納。如果大家都有互信、互諒的雅量，相信彼此都是為了把生意做好，絕不會有其他的意思，自然諸事太平。

然而，不管朋友之間的感情多麼好，彼此一旦發生猜疑，起了疑心，就等於在合夥基礎上養殖一隻「腐蝕之蟲」，如讓它繼續繁殖下去，合夥的事業就很難長久了。

誠信無疑，相互信任是合夥人相處的一條重要原則。當然，這條原則是與疑而不用聯繫在一起的。凡是居心不良、對人沒有誠意、不能志同道合、缺乏能力的人不能使用。

總之一句話，凡是經過考察，認真研究，覺得不可信任的人，則不能與之合夥，不能對他使用這一方法。如果失之斟酌，盲目與之合夥，盲目信任，就會自食惡果。

但是，如果經過仔細考察，認真研究，覺得可以信任，與他合夥後，就要推心置腹，充分信任，絕不干預。信任是人與人之間一種最可貴的感情，信任合夥人，就是

尊重他的人格，沒有這種信任，就不可能使他產生自尊、自重、自愛，也就不可能使合夥人在工作中發揮積極性、主動性和創造性。

合夥生意等於是組織戰，合夥人之間必須要團結一致，才會產生力量。換言之，幾個人在互信的基礎上密切地結合在一起，才能凝聚成一股龐大的力量，否則，彼此的力量不但會相互抵消，而且還會產生反效果，形成四分五裂的局面。

可是，有些合夥人的信心不夠堅強，或是在外面聽了別人的閒言閒語，或是在公司裡聽到員工的議論，便私下裡動了疑心，認為合夥人對他不夠忠實。只要疑心一動，就等於合夥事業亮起紅燈。

俗語說：「疑心生暗鬼。」如果你用懷疑的眼光去看一件事情，必然會發現很多疑慮，認為這件事或這個人有問題。最後必定會鑽進牛角尖去，你的行動不是為了更好地把合夥事業搞好，而是忙於證實你的懷疑是正確的，但這種懷疑卻往往是錯覺。

很多事情都有好壞兩面的看法，信任合夥人也是一樣，關鍵在於你怎麼看。曾經有兩人合夥經營，在經營中一人提出要去外地學習技術。你說他是為了公司的發展當然沒有錯，可是，你說他是去充實自己的技術，為自己將來的事業找出路，而不是為

了大家的事業，也不能說錯。因為誰都不能保證他倆能合作到底。

儘管他會提出保證，他學的技術歸公司所有，但這種話也不是百分之百靠得住的。他學會了技術，自然說話的分量就重了，萬一他到時候變了卦，其餘的合夥人就奈何不了他。

當然，相信另一人也像做生意一樣，帶有幾分冒險性質，難免最後會吃虧上當。

然而，除非你不打算合夥做生意，否則，你必須相信你的合夥人，一定要有「用人不疑」的決心，才能使生意有更大的發展，千萬不可以抱著懷疑的態度試試看。

如果一開始你就疑神疑鬼，擔心別人會坑你，就最好不要跟人家合夥，免得害了自己，也害了別人。一個各懷鬼胎的合夥生意，絕不可能做得長久。這就像投資做生意一樣，如果你心裡老是擔心虧本，什麼生意也做不成。

在合夥企業中，合夥人要做到誠信無疑、相互信任，起碼要做到以下幾點：

1．不可主觀亂猜疑

合夥人之間，既然大家都走到一起來了，就應該精誠團結，同心同德，為合夥企

業的發展而奮鬥。合夥人要以誠相待，切忌對張三懷有戒意，對李四放心不下，滿腹狐疑，最後鬧得互相猜疑，分崩離析。

曾經有過一個寓言，講的是一個人的斧頭不見了，他便毫無根據地懷疑是鄰居偷了他的斧頭，並且看鄰居的說話、行動都像偷了他的斧頭，後來斧頭找到了，則看鄰居的言行都不像偷斧頭的。

這則寓言中的人雖然看起來荒唐可笑，但現實中疑人偷斧頭的合夥人不乏其人。

有的人無端懷疑合夥人，你提防我，我警惕你，「戰火」四起，矛盾愈演愈烈，給合夥企業的發展帶來極大的危害。

2．不要聽信流言蜚語

有時合夥人之間本來是相互信任、誠信無疑的，但聽了親戚朋友、企業員工或其他人的議論，便對合夥人產生了懷疑，影響了合夥人之間的團結。

曾經有兩人合夥做服裝生意，由於進貨時銷售方一般都不出具發票，因此起初都是兩人同時去進貨。後來，彼此信任感增強了，同時也為了節約進貨成本，便由一人

30

去進貨。另一人的親屬便懷疑進貨人在中間做手腳，有意抬高進貨價錢，以便從中侵吞進貨款。

開始時他並不相信，後來他的親屬在他面前說多了，慢慢地他也相信了。他想：你在進貨的時候侵吞進貨款，我現在也不好說又與你一起去進貨，我就在銷售方面侵吞銷售款，不拿白不拿，這樣大家就扯平了。

這時，剛好進貨的合夥人進貨回來病倒了，而一些貨又急需補進，他便去進貨。等他親自去進貨，他才發現以前親屬說的都是無中生有，錯怪了自己的合夥人。

試想，如果他沒有發現事情的真相，仍然抱著以前的態度去做，合夥企業如何搞得好？因此，合夥人不要輕信別人的流言蜚語，聽到別人有什麼議論，要認真調查，多問幾個為什麼，時刻保持清醒的頭腦，不要輕易相信別人的議論。

相互尊重，取長補短

合夥企業與其他企業最大的不同點在於，其他企業中老闆只有一個，他有絕對的決定權，不管他對人事的處置是否公平合理，沒有人會干涉，旁人只有建議權，沒有否決權。

合夥企業就不同了，老闆有好幾個，雖然也有形式上的領導人，但終究不是純老闆、純員工，合夥人處於平等的位置，不存在誰領導誰的問題。重大的決策、決定要由合夥人集體討論決定，實行的是少數服從多數的原則，任何人不得把自己的意見強加於人。

因此，合夥人之間的關係，不同於老闆與員工的關係。如何維護作為老闆的合夥人的自尊心，充分發揮其積極性，就是合夥經營中的一個重要課題。相互尊重、取長補短，是解決這一問題的基本方法，也是合夥人友好相處的基本原則之一。

在合夥經營中，合夥人容易鬧矛盾的一個原因，就是一些人不能正確地認識自

這位朋友說：「每當我提出建議時，對方總是簡單地予以否定，總是從反面提出

快合作。

題高明，心態上有了變化。加上對方本來性格倔強，說話直來直去，在工作中難以愉

多問題就出現了分歧。這本來是很正常的事情，但對方逐漸認為自己的能力強，看問

有時有一點爭論，但大家都心平氣和。隨著規模的擴大，涉及的問題與事情增多，許

據這位朋友講，起初的合夥還算愉快，那時規模不大，涉及的事情還不是太多，

不了。

不是為了名，最主要的原因在於對方經常簡單草率地否定他的意見和建議，讓他受

我有一個朋友與人合夥經營，在三年之後拆夥了，究其原因，既不是為了利，也

累，長期下去，總有一天矛盾會爆發出來，嚴重影響合夥企業的運行。

這種做法，雖然在剛開始時沒有什麼，或許對方只有一點點不滿，但如果日積月

指手畫腳，大發議論，肆無忌憚地吹噓自己的不凡。

合夥人的意見；或是在合夥企業中，時刻不忘露一手，以顯示自己的所謂才能；或者

己，不尊重合夥人。他們或是認為自己比別的合夥人強，獨斷專行，武斷地否定其他

種種理由加以拒絕，有幾次甚至在員工面前與我發生衝突。有一次，他自認為對市場需求有確定的把握，未經大家的同意，擅自增加了訂貨數量。當我向他提出這一問題時，他以種種理由來為自己辯解，最後還反過來指責我不懂市場規律。」在這種情況下，雙方只好拆夥了。

為什麼要做到相互尊重，取長補短呢？其實道理非常簡單。中國有句古話說：

「三人行，必有我師。」大千世界中，有本事的人比比皆是。在合夥企業中，合夥人既然走到一起來，說明各人總有可取之處，總有其優勢，不然就沒有必要合夥了。

當然，十個指頭都有長短，合夥人的工作能力和長處也不可能一樣，必然有人某些方面強一點，某些方面弱一點，切不可以為自己什麼都比別人強。合夥經營的目的之一，就是集個人微弱的力量，匯合成一股巨大的合力。

「三個臭皮匠，勝過諸葛亮。」合幾個人的智慧、財力，自然要比一個人「孤軍奮戰」有利得多。因此，明智的做法是，從維護合夥人的自尊心出發，尊重合夥人，謙虛謹慎，認真向對方學習，真心實意地相互合作，求得幫助，這樣既贏得了友情，又增強了合夥企業的凝聚力。

即使你的工作能力強，思考力也比其他人深遠，在合夥人中居於無形的領導地位，你仍然不能仗著「自己比別人強」的想法獨斷專行。做生意也跟為人處世一樣，合夥人之間的鬧意見，絕不會是偶發的事件，都是平時一點一滴的不滿累積起來的。如果事事都由你作主，而你也認為是「當仁不讓」的話，慢慢會形成你的優越感，視其他人的意見都沒有可取之處，總有一天會讓合夥人受不了。

曾經聽到過一個合夥企業的故事，三人相互尊重、取長補短的做法值得我們借鑑。那是在七年前，三個在電力工程界工作多年的青年人決心合夥創業。三人當中，以徐明達的思考力較為成熟，平時不管對事對人的評價，他都有獨到的見解，其餘兩個人遇到什麼事都愛找他商量，久而久之，他無形中成為三人的領導中心。

創業之初，徐明達雖然已想到了做電機生意，但他不願首先提出來，而是要其餘兩人多想一想，大家做什麼事情更好。其餘兩人都認為徐明達的謙辭是多餘的，他們都相信徐明達出的點子比他倆想的高明，到底做什麼生意應該由徐明達一手包辦，但徐明達仍堅持要他們去想一想。有人認為徐明達這種做法是多此一舉，其實這正是徐明達的聰明之處，正是合夥經營的正確想法。

合夥創業，成敗無法預料。如果徐明達自告奮勇出主意，將來成功了，固然皆大歡喜，萬一遇到挫折甚至失敗了，他就難免受抱怨。大家想辦法，如果其他兩人的意見與他不謀而合，那麼將來要做的事情就是三人的意見了，一旦生意做得不順，誰也不會怨誰。

假如其他兩人的想法與他不同，他可以衡量一下，他所設想的行業是否有利，如果比他想得更好，他不妨順從他們，如果他們想的不切實際，他可以設法說服他們。

這種迂迴式的做法，體現了徐明達不攬權、不獨斷的作風，體現了他對合夥人的尊重，體現了合夥企業中合夥人取長補短的優勢。

誠然，蛇無頭不行，合夥經營的生意也要有個頭，也要有個總管來主持公司全盤的業務，來推動、策劃業務的發展。但這種主持人的產生，必須基於合夥人百分之百的信任、擁護，而且讓他們發自內心的敬重。

合夥經營不像獨資生意，靠權力可以樹立起威嚴，你必須讓合夥人心悅誠服。換言之，你的決定是正確的，必須使合夥人也打心中相信它是正確的；他們的看法是錯誤的，你要有足夠的理由說服他們才行。切忌抱著「我決定就這樣做了」的心態，而

武斷地否決了別人的意見。

前面提到的那個合夥企業，初期只是進行電機的銷售、修埋，後來慢慢地業務擴大了，大樓電梯修理也成了他們的服務專案之一。當時，徐明達產生了一個新的想法，認為電梯製造業將是一個很有發展前途的行業。

可是他向兩個合夥人說明之後，他們的反應並不強烈。他們的看法是，現在公司的生意基礎還不牢靠，電梯的需求量也不大，不如等幾年再說。然而徐明達並沒有仗著自己在這方面的能力比別人強，仗著自己處於領導地位，就抱著「我決定就這樣做」的心態，去武斷地否定其他合夥人的意見。

他認為，像這類重大的決策，必須經過其他合夥人的認可，不能自己一人說了算。這樣做，不僅能保證決策的正確性，而且能充分發揮合夥人的積極性和智慧。如果由個人說了算，那麼其他合夥人就會不負責任，無法負責任，一些不同的意見和想法就表達不出來，久而久之，使分歧積累起來，就會影響合夥人的團結。

因此，徐明達的做法是暫時不要忙著去說服其他兩位合夥人，而是先收集有關電梯發展的資料，如高層建築的趨勢、電梯使用量的多寡等。把各種資料收集完備之

後，再與合夥人正式協商，並把他們顧慮的問題一一加以解說、分析。他最後的結論是：「要做這行生意就要早下手，等有錢的大老闆想到要做的時候，我們就沒有競爭力了。」

從這個事例可以看出，合夥企業掌舵人一職非常不好幹，因為合夥生意，大家都是老闆，跟老闆管理員工完全是兩回事。如何不傷害合夥人的老闆尊嚴，如何使彼此的友誼不受到傷害，而又能順利地發展業務，這的確不是一件簡單的事。

在處理事情時，太獨斷跋扈固然不行，但事事都要徵得合夥人一致的同意，也是不可能的事。發展事業要靠頭腦、魄力、遠見，在這些方面，合夥人的能力不可能是完全相等的，必然有的人較保守，有的人較沒有主見，這就要看合夥企業掌舵人如何運用自己的權力去完成應推行的計畫了。

如果掌舵人不能建立起合夥人對他的完全信賴，不能尊重合夥人，充分發揮取長補短的優勢，那麼這個合夥生意就等於亮起紅燈，遲早會走上瓦解之路。

十個指頭都有長短，合夥人的工作能力和長處，當然不可能一樣，其中必然有某方面能力較強，某方面能力較弱。

在開始合夥時，許多合夥人彼此基於「莫逆之交」的友誼，你能原諒他，他也能原諒你。可是，等生意賺了錢之後，每個人就難免會生出這樣的念頭，生意能有今天這樣的成就，我出的力最多。既然每個人都有了這樣的念頭，自然會在心裡產生優越感，對生意上的事務，難免也會產生「應該多管一點」的心理。

於是，你也想多管一點，他也想多管一點，在意見上，就慢慢發生了摩擦，大家都忘記了當初合夥創業的理想，也忘記了現在的成就是幾個人合力創造出來的，只一味的想著如果不是我，這個生意就如何如何了，每個人都自覺比別人強，比別人出的力多，誰也不服誰。

由於這些偏見的滋生、壯大，合夥經營的生意，往往會形成能夠共甘苦，不能同富貴的現象，使好朋友變成仇敵。這類的事例，在工商界簡直不勝枚舉。這些教訓值得我們從事合夥企業的人深思。

人我兩利，義利相濟

「人與我、義與利」是合夥人相處時接觸最多，也是最難處理的關係。合夥企業是由幾個合夥人組成的，為什麼不一人創業而要幾人合夥創業呢？原因是多種多樣的，或許是因為勢單力薄，一個人單打獨鬥不能創業或創業困難，或許是需求某種優勢，以增強企業的競爭力。

不管如何，合夥創業的根本原因在於集個體單獨的力量，形成比原來更大的合力。這就是合夥人相處的基礎。大家只有在一起，才能闖蕩商海，搏擊市場，才能在殘酷的競爭中求得生存。

在一定的歷史階段和時期內，合夥企業存，則合夥人的事業存；合夥企業亡，則合夥人的事業亡。因此，合夥人在經營中要注重合夥企業的整體利益，注重與其他合夥人的關係。但是，作為合夥人之一的「我」，又有自身的個人利益，在管理決策上又有個人的觀點和意見，這又可能與其他人不一致，甚至衝突。

簡單言之，就是個體與整體的關係，全局與局部的關係，人與我的關係，義與利的關係。可以說，任何一個合夥人在經營合夥企業時，腦海中必定思索過這一問題，這些問題有時甚至困擾著他們。

單純地講整體的利益，講合夥人應該如何維護別人的利益，先人後我是不現實的，也容易陷入說教的情況。因為作為商人的合夥人，謀利乃是其本質。他們不是宗教家，也不是救濟者，他們不可能只講求利人，而忘了自己。

如果一定要他們這樣做，必然壓抑他們的創造性與積極性，但是，如果走向另一個極端，同樣也是不行的。如果在合夥企業中，合夥人都只講求個人的利益，只想著個人如何爭權奪利，合夥企業遲早會被搞垮。在合夥企業中，合夥人最容易犯的錯誤經常是後一種。這時，合夥人之間明爭暗鬥，勾心鬥角，爭權奪利，根本就不可能友好相處。

合夥人友好相處，就是要在人與我、義與利之間保持適度的平衡，人我兩利，義利相濟。此時，合夥人既不會放棄個人的利益，又不會損害其他合夥人的利益，在個體與整體之間求得了最佳平衡點。在這種狀態下，合夥人就能友好相處。

有許多合夥人之間關係緊張的原因，都是雙方在利益分配上，自覺不自覺地站在了彼此對立的角度上。他們認為「蛋糕」只有這麼一點大，你多分了一點，我必然就要少分一點。因而，雙方在利潤分配上便產生了一種鬥爭性，甚至到了錙銖必較的程度。

如果你陷入了這一情況，你與合夥人之間的關係必然很緊張，大家在合夥經營中想的都是自己的利益，相互很難友好相處。

其實，只要靜下心來想一想，就會發現上面這種觀點是假設在「零和前提」下的。所謂「零和」，指利益各方的總量為定值，這樣，你多一個單位，我就少一個單位，雙方變化的代數和為零。

如果在利潤額已定的情況下，你的確與合夥人進行著一場「零和遊戲」。但你想過沒有，是否應該增加這個代數和，做大這個「蛋糕」呢？一個好的利益分配方式當然是通過總額的增長來增加雙方的收入，通過做大「蛋糕」來增加雙方分配時的所得。「增和遊戲」遠比「零和遊戲」輕鬆得多，也愉快得多。

所以，你要牢記住這樣一個道理，合夥人的利益就是你的利益，只有通過合夥企業的發展，才有個人的發展，這樣就能人我兩利。有了這種心態，合夥人才能友好相處。

點醒合夥人的技巧

在合夥企業的經營管理中，合夥人難免有一些意見和行為是不正確的。比如，你的一個合夥人近來對企業的事缺乏熱情，不管不問，工作沒精打采，分工安排的事常常不能完成。本來今天約好在一起商量一些事，結果他又推卻說有一些私人的事要辦，而你知道他實際上又與一些人打麻將去了。為此，你心中一直感到不舒服。在這種情況下，你究竟應該如何做？

批評與接受批評是每個合夥人的重要課題，在他們日常職務範圍內，都難免要面臨到這方面的技巧考驗，甚至帶來諸多困擾。心理學家告訴我們：人皆反感批評。的確，批評與自己地位相同的合夥人不是一件愉快的事，也不是一件容易的事。

一方面，要使他瞭解他所犯的錯誤，另一方面又要保持他的自尊。忠言逆耳，在批評中稍有不慎，言語運用不當，就會把小事變大，帶來合夥人的誤會、敵對，甚至衝突。要使合夥人能夠常納雅言，必須有高度的技巧。

1・適當的時機，純正的動機

純正的動機和適當的時機，是對合夥人進行批評的基礎。在你對其他合夥人進行批評時，雙方應該以足夠的信任為基礎，如果無法取得對方的信賴，即使所持的見解精闢，依然無法令對方折服。

其次，你必須要有純正的動機和建設性的意見，在進言之前要確定自己的言行有助於合夥人，而且確能發揮實際效用。有許多批評經常以「我只是想幫助你」為由，事實上卻是為了一己之私。

你應該知道，真理並非任何人能壟斷或獨占的，當我們觀察別人時，總免不了以個人有限的經驗和一己的需要來做衡量，難免失之偏頗，最好的辦法是提出批評之前，先請教第三者，使你的言論更能切合實際，合乎客觀。

曾經有兩個合夥人李宏清和萬濤合夥經營一個企業。有一段時間，李宏清感覺到萬濤對合夥企業的事沒有原來熱情，大家在一起的時候，萬濤不再像原來一樣積極為合夥企業出主意、想辦法，工作不積極。李宏清曾在不同的場合，從側面勸導過他，

但收效不大，萬濤依然故我。

面對這種情況，李宏清並沒有急於對萬濤提出嚴厲的批評，以散夥來威脅他。而是一方面進行深入細緻的調查，搞清楚萬濤工作不積極、沒有熱情的原因。原來萬濤發財之後，開始追求享受，有小富即安的思想。因此他等待時機，準備在恰當的時候勸一勸合夥人。

有一次，他們見到了一位以前的朋友，此人因為富裕之後貪圖享樂，沒把心思用在事業上，結果把一個好端端的企業弄垮了，現在窮困潦倒，四處借錢。此人走後，李宏清便以此人為例，語重心長地對萬濤進行了批評與勸說，終於使萬濤回心轉意，幡然悔悟。

2・適當場合，適度讚美

假設你的動機純正，言論精闢，那麼應該用什麼方式提出批評呢？首先要選擇適當的時機。當個人心平氣和較能以客觀立場發言時，就是談話的適當時機。假若你心中充滿不平，隨時可能大發脾氣，那麼最好先讓自己冷靜下來，因為過分情緒化的表

現不僅無濟於事，反而有害。

同時你要掌握事情發展的時效，至少在人們記憶猶新的時候提出批評。假如你在事情發生以後很久才提出來，這時人們的印象已經模糊，你的批評反而容易給人留下「偏頗不公」的印象。

此外，除了把握個人心理狀況外，也要把握合夥人的心理狀況。你應該在合夥人事先已有心理準備，並且願意聆聽的情況下，提出批評。一個人的情緒變化往往是很微妙的，當你的合夥人情緒好的時候，你對他批評即使過了頭，他也可能不去計較。

而當情緒波動較大時，自控能力減弱，這時的認識往往呈現極端化的傾向，並伴有叛逆心理。此時，你的批評就是很平常，合夥人也可能聽著不順耳，甚至會把心中的煩躁遷怒於你，與你大吵大鬧一場。因此，你應該善於掌握合夥人的情緒變化，適時提出批評。

一個美國企業家說過：「不要光批評而不讚美。這是我嚴格遵守的一個原則。不管你要批評的是什麼，都必須找出對方的長處來讚美，批評前和批評後都要這麼做。

這就是我所謂的『三明治策略』──夾在兩大讚美中的小批評。」

在充分肯定合夥人成績的基礎上，再對他提出適當的批評，這倒不是說你在批評合夥人前，應先說一些漂亮的門面話，而是讓合夥人知道，雖然他屢次在某件事上處理失當，然而你卻尊重他的人格。為了把你對他的尊重傳達給對方，適度的讚美和工作上的認同是必要的，否則光是針對對方的某項缺點提出批評，容易讓對方感到不受尊重，因而心懷不平。

而你所指出的事項，最好是合夥人可能再犯、實際上又可以糾正的錯誤。假若同樣的事件或錯誤不太可能再發生，那麼在批評之前，最好三思而行。另外，假若合夥人所犯的錯誤，是他個人所無法糾正或彌補的，那麼你的批評反而有害。

最後，如果你對自己的觀察或判斷心存疑念時，最好徵求第三者的看法。這一點在處理目前尚未發生事端，但處理稍有不當，容易影響其他工作人員情緒的棘手人物時相當重要（例如先旁敲側擊，試探你所採取的某種方式是否妥善）。此外，這種方法也可用在你和對方的關係並沒有基本的信賴做基礎的時候。

3・保留批評

在某些情況下，你必須保留批評：

(1) 你無法取得對方的信任。

(2) 你的用意只在傷害、打擊對方，或藉此一洩心中之恨。

(3) 你想批評的對象、行為或是雙方的關係，尚未達到提出批評的程度，抑或你沒有足夠的時間。

(4) 對方已經感到後悔，或是他本身已有層出不窮的麻煩。

(5) 對方已經盡了最大的努力。

(6) 錯誤只出現一次，很可能不再發生。

(7) 你不願別人對你的批評提出反擊，也不想惹太多麻煩。

生意不成仁義在

世上的萬事萬物有其本來面目和自然之理。一個女人過日子，必然孤淒；一個男子度時光，必然寂寞。大雁飛行，必定成隊成行⋯⋯這就是事物的規律。

自然的法則就是這樣，和為貴，合則全。何況人與人之間呢？聖賢的思想就是依據這些原則形成的，人與人的合作也是因為這些原則，而建立起一種互相依存的關係。

然而，人們在相互交往時常常走向它的反面。關係鬧翻，翻臉不和時，合作的關係便破壞了，彼此都把對方視為仇敵，並把對方說得一無是處，一錢不值。

人與人鬧翻，否定他人，就會自己孤掌拍不響，獨木不成林，必須盡快另找合作者。強者稱雄，天下紛爭，社會的和諧平衡打破了，強者就是在削弱自己。

所以，瞭解和為貴、合則全的人，爭而不離，爭而和合，因而強者更強，吵而更親，心心相交，不打不相識，事業更繁榮。

50

不爭不吵，本來就不可能。嘴唇與牙齒也有互相冒犯的時候。和氣生財，「和為貴」，商場上很忌諱結成仇敵，長期對抗。商場上很容易為了各自的利益爭執不下，甚至爭鬥不休。或者因為一筆生意受到傷害，從而耿耿於懷。但是，無論如何，都沒有反目成仇、結成死敵的必要。

有位商界老手說過：「商場上沒有永遠的敵人，只有永遠的朋友。」今天可能因為利益分配不均而爭吵，或者為爭一筆生意搞得兩敗俱傷；然而，說不定明天攜手，有可能共占市場，互相得利。

所以，有經驗、有涵養的老闆總是在談判時面帶微笑，永遠擺出一副坦誠的樣子，即使談判不成，還是把手伸給對方，笑著說：「但願下次合作愉快！」

因為，商場上樹敵太多是經營的大忌，尤其是當仇家聯合起來對付你，或在暗中算計你時，你縱有三頭六臂，也難以應付。況且，做生意的主要精力應該用於如何開拓市場，如何調動資金，如何作廣告宣傳等方面，如果老是用在對付別人的暗算與報復，難免會顧此失彼。

有句諺語叫：「生意不成仁義在。」商人一般都較圓滑，這也是多年積累的經驗

所得。

人與人間，或許有不共戴天之仇，但在辦公室裡，這種仇恨一般不致於達到那種地步。畢竟都為同一家公司工作，只要矛盾沒有發展到你死我活的境況，總是可以化解的。

記住：敵意是一點一點增加的，也可以一點一點消滅。「冤家宜解不宜結」。同在一家公司謀生，低頭不見抬頭見，還是少結冤家比較有利於自己。

絕不可與之合作的人

根據大量的合夥經營的案例研究，至少有三種類型的人不能與之合夥創業。

1·好話說盡，食言自肥型

工商界的組成分子是極其複雜的，爭利的手段也是千變萬化的。一些人仗著自己有一點小聰明，自以為對商場的人情世故懂得比別人多，因而「走火入魔」，認為商場就是人騙人的地方，總想在與別人合作中多撈一點，多占別人一點便宜。

於是，他們對合夥人沒有半點誠意，把對方當成傻瓜，想自己的利益時多，想別人的時候少，斤斤計較個人得失，總想自己多占一點，少做一點。

對於這類人，不能與之合夥。這種類型的人都有一個共同的特徵，那就是「能屈能伸」，就像螞蟥一樣，要與你合作或有求於你時，他的舌頭如同螞蟥咬人時的身體蜿蜒搖動，說話時音調動聽極了，這就是所謂好話說盡。一旦目的達到，過去所說的

話都忘得一乾二淨，完全站在自己的利益上打算盤，這就是所謂食言自肥。

照這樣的說法，沒有人願意與他們合夥做生意，但事實上這類人又常常得逞，原因到底在哪裡呢？因為這類人有很大的欺騙性，在實際生活中不容易對他們進行甄別。他們的一大「法寶」就是遇到人們的責難和質問時，能說出一大堆理由來解釋，連拍帶哄，說得你有脾氣都沒法說出來。

這類人眼睛都亮得很，心裡有一桿很精密的小秤，對與自己有關係的人都做過估量。凡是對他的利益有幫助的人，他不僅好話說盡，而且在必要的時候他也自願吃虧，表示他的豪爽、耿直；可是對於那些不能幫助他的人，他就換了一副面孔，其態度之傲慢、表情之難看、說話之難聽，真叫人難以想像。

總之，這類人把商場中的壞習氣都學到了家，如果再有一點表演天才，喜怒哀樂，學啥像啥，即使商場老手、社會經驗豐富的人，也會被他耍得昏天昏地，上當受騙。

54

2．眼高手低，耐心不足型

一些人不甘心替別人當員工，再加上籌措一筆資金也不太困難，於是便有了自己當老闆的念頭。他們認為，只要有錢，做生意是最簡單的事情；只要自己往靠背椅子上一坐，自有手下的人替自己效命賣力。

他們心想，只要有錢還怕雇不到人辦事嗎？聽起來，他們的想法一點也沒有錯，只要肯出高薪，不怕請不到人才，但是請來的人才如何用，這才是決定你夠不夠資格當老闆的關鍵所在。

還有些人本身貪圖享樂，不能從事艱苦複雜的創業工作，但現在每月的收入不足以維持消費水準，看到當老闆的很神氣，於是便想自己去當老闆。

可是他們只看到了成功後的享受和榮耀，卻看不見創業的艱辛，眼比天高，心比山大。沒有合夥之前，說起創業來豪言壯語，信誓旦旦，發誓要做出個名堂來，一旦進入實質性的運作，需要投入艱苦的勞動，需要長時間的努力時，就沒有往日所說的那種幹勁了。

他們或是得過且過，貪圖享樂；或是工作沒有主動性，平日在公司裡為別人做事，時應付了事的那一套壞習氣就出來了。

很多受過良好教育，家庭環境又不錯的，現在個人收入勉強過得去的人，最容易成為眼高手低、耐心不足型的人。他們沒有受過生活的磨難，沒有經受過創業的挫折，不懂得創業的艱辛，便以為當老闆容易，做生意容易；一旦需要投入艱苦的工作，需要長時間地努力時，便顯露出眼高手低、耐心不足的毛病。

3・自以為是，剛愎自用型

三國時代的馬謖自認為從小熟讀兵書，深知用兵之道，在守街亭時不聽副將王平的勸阻，執意要把營寨建在高山之上，結果被魏軍團團圍住，幾次突圍沒有成功，加上水源又被攔截，軍心動搖，最後被魏軍擊敗，街亭失守。

面對魏軍的長驅直入，幸虧諸葛亮大智大勇，上演了一齣空城計，方才轉危為安。馬謖的錯誤造成街亭失守，軍紀不容，諸葛亮不得不揮淚斬馬謖。從此，馬謖就成為自以為是、剛愎自用的典型人物。

在當今社會中，像馬謖這樣自以為是、剛愎自用的人依然很多，只不過表現的形式有所不同了。一些人自認為比別人聰明，分析力比別人強，聽不進不同的意見，總以為自己的觀點與看法是最好的。

當別人對他的一些觀點或看法提出不同的意見時，他常認為沒有必要進行修改。對別人的意見或建議，輕易地給予否決，自己又提不出更好的方法來。思維方法是以偏概全，以點概面，偏激、固執，不易與人合作。這樣的人當然不能與之合夥創業。

金無足赤，人無完人。任何人都有其優點與局限，優點與缺點同時並存。對於一般的缺點與局限，我們在選擇合夥人時不能求全責備，要求對方十全十美，這事實上是辦不到的，因為我們自己都不是十全十美。

但對於具有上面所言的三種缺點與局限的人，我們一定不能與他們合夥創業，因為這些缺點錯誤是本質性的錯誤，是長期形成的，一時半刻也改不了。

自古以來，人們就感嘆識別人的困難，也提出了一些識別人的方法。唐朝大詩人白居易在一首詩中寫著：「贈君一法決狐疑，不用鑽龜與祝蓍。試玉要燒三日滿，辨材須待七年期。周公恐懼流言日，王莽謙恭未篡時。向使當初身便死，一生真偽復誰

知。」

在這裡，白居易強調了識別人的兩個基本方法：

第一，實踐——試玉要燒三日滿。

第二，時間——辨才須待七年期。

這些方法都值得我們在甄別不可以合夥者時學習和借鑑。

第 二 章

贏得人心就是贏得力量

劉備「三顧茅廬」，使諸葛亮為他「鞠躬盡瘁，死而後已」；劉備知錯必改，向龐統誠意致歉，使龐統以死報效；劉備大膽起用魏延，使漢中無憂；劉備不吝爵位，使老黃忠以七十高齡而不退休，戰死疆場。

這些文臣武將在當時都是「種子選手」，難怪他能三分天下取其一。劉備對屬下的關愛，得到了豐厚的回報。

發展「精神生產力」

管理者與員工之間無疑是一種「管理」與「被管理」的關係。身為領導者，無不希望下屬對自己盡心盡力盡職盡責盡忠地努力工作。因為只有做到這一點，才能證明自己的管理是成功的，自己這是一個成功的管理者。

可是，並不是每一位管理者都能實現這一目標，恰恰相反，成功的管理者往往只是少數人。古往今來，失敗的管理者都是居於多數的。

在這裡，決定成功與失敗的關鍵因素，就是管理者採取什麼樣的管理方式，運用什麼樣的管理方法，這向來是管理學者們所討論的一大重點問題。

自從管理學出現以來，許多管理學派相繼登台亮相。從廣義的範圍看，人們研究管理學的目的是為了社會和文明的進步，為了人類的生存和發展，從狹義的範圍看，則是追求最大的和諧與效益，為了提高本機構、本單位的工作效率。

正是在這種目的的驅使下，當今人類對管理的研究投入了極大的精力，提出了多

種多樣的管理理論，當這些理論投入實踐中運用以後，人們發現，無論是哪一種管理理論，都存在著許多的缺陷，沒有一種是可以全部或大部分實現管理目的的。

然而，隨著時間的發展，管理學理論不斷推陳出新，以發展「精神生產力」為目的的「人本管理」，愈來愈被提到重要的議事日程，以至於美國人把「開發人力心理資源」列為二十一世紀的前沿課題加以研究，日本和其他許多國家也在這方面傾注了大量的人力、物力、財力，展開潛心研究。

這種以發展「精神生產力」的「人本管理」，實際上就是某些管理者稱為「柔性管理」的管理理論。

「柔性管理」的基本原則包括：內在重於外在，心理重於物理，肯定重於否定，感情交流重於紀律改革，以情感馭人重於以權壓人……

這些原則中所體現的魅力，集中到一點，就是以看重感情投資、通過感情投資達到管理的目的。

古往今來，凡是想成就大事的人，都不能少了「人才」這一條。

「事業者，人也。」沒有人，就不會有事業；沒有人才，更無法成就事業。

古人云：「得人心者得天下。」事實上，不僅想「得天下」的領導者需要得人心，就是一切想在其他方面有所得的領導者，也必須做到得人心才可以。

可是，俗語又說：「人心隔肚皮。」想真正得到人心又談何容易呢？

不過，只要管理者善於運用感情投資這一方式，想得人心也並不是困難的事。

有不少管理者常常會發出這樣的感慨：「真是時運不濟，物色不到合適的人才，手下人一個個幾乎都『低能』，工作起來不僅毫無生氣，而且毫無創意⋯⋯」

這難道是事實嗎？

非也。至少，這種想法有以偏概全之嫌，不能說明事實的全部。

事實是任何管理者的下屬不會全是「低能」者，其中必然有出類拔萃的人。

這是因為下屬的能力不可能一下子全部顯現出來，而是需要一個逐步發揮的過程，這一過程是否會出現，取決於領導者是否對他們進行了卓有成效的感情投資。

可以肯定地說，下屬的能力大小與領導者對他們的感情投資多少是成正比的。

為什麼這麼說呢？具體原因如下：

其一，管理者對下屬的感情投資可以有效激發下屬潛在的能力，使下屬產生強大

62

的使命感與奉獻精神。

得到了管理者的感情投資的下屬，在內心深處會升騰起強烈的責任心，認為管理者對自己有知遇之恩，因而「知恩圖報」，願意更盡心盡力地工作。

其二，管理者對下屬的感情投資，會使下屬產生「歸屬感」，而這種「歸屬感」正是下屬願意充分發揮自己能力的重要源泉之一。

人人都不希望被排斥在領導者的視線之外，更不希望自己有朝一日會成為被炒的對象，如果得到了來自領導者的感情投資，下屬的心理無疑會安穩、平靜得多，所以便更願意付出自己的力量與智慧。

其三，管理者對下屬的感情投資，可以有效激發下屬的開拓意識和創新精神，鼓起勇氣，不會「前怕狼後怕虎」，所以工作起來便無所擔心，一往無前。

人的創新精神的發揮是有條件的，當人們心中存有疑慮時，便不敢創新，而是抱著「寧可不做，也不可做錯」的心理，混天度日，只求把分內的工作做好就行了。

如果管理者能夠對下屬進行感情投資，建立充分的信任感，親密感，就會愈有效地消除下屬心中各種疑慮和擔心，從而使其更願意把自己各方面的潛能都發揮出來。

化解下屬負面情緒

下屬的有些負面情緒，是難以一下子消除的，但你可以想方設法令他忘掉不快，例如給他一些有挑戰性的或有樂趣的工作讓他去完成等等。

把私人不快樂的事帶到辦公室，對自己、對工作及對同事均有害無益。不過，人畢竟是有感情的動物，要完全忘掉不快是很難的。

管理者應體諒下屬的負面情緒，做出有限度的容忍；但必須視其情況而定。例如某下屬近日神不守舍，在工作上出現些錯誤；但每天仍然準時上班下班，沒有時常稱病告假。作為主管者，應有一定的量度，因為該下屬仍以工作為重。

不過，如果遇到經常發脾氣，又稱病不上班，或時常遲到、無心工作的下屬，就必須加以引導，跟他談些人生的問題，有助於瞭解他心中的不快，然後將話題轉到責任問題，讓他的情緒容易適應。

要下屬在鋼鐵般的情緒下接受工作，已不合時宜；上司鼓勵下屬投入工作，比強迫他們忘掉不快的事情要有效得多。

冰冷的面孔、嚴峻的規則，都使人感到不安。在辦公室多年的人，可能不會感到什麼，但對於在學校被關懷慣了的年輕人，卻是一種虐待。

年輕人是工商界明天的棟樑，給他們多一點關心，他們也會懂得如何關心後輩。

現在工商界有一個惡性循環，就是前輩冷落對待後輩，後輩掌權後施以報復，但同時又不懂得善待自己的後輩。這樣的惡性循環，使大部分辦公室都充斥著冷漠的風氣，沒有半點溫馨，職員的歸屬感也變得極低。

管理者在適當時候為下屬解決問題。不單只是公事，也包含私人的情緒。下屬遇到挫折時，情緒低落，效率和素質會受到影響；如得不到上司的體諒，情況可能會更糟。

這時可用朋友的身分詢問下屬發生什麼事，細心聆聽、慎給意見；最重要的，是絕對保密，永不將下屬的私事轉告任何人，才能得到對方的信任，使其得以安心投入工作。

適當的時候，你還可以用自己的真情鑽到下屬的心裡去，剪斷他的不快之源。

除了親切地呼喚下屬的名字，或視情況活用下屬家人的資料外，在什麼情況下還可製造抓住下屬的心的機會呢？結論是只要有心，隨時都有機會。因為我們的心隨著工作或身體等狀況，經常會產生變化。只要能敏銳地掌握下屬心理微妙的變化，適時地說出符合當時狀態的話或採取恰當的行動，就能抓住下屬的心。

例如，當下屬情緒低落時，就是抓住下屬的心的最佳時機：

1‧工作不遂心時

因工作失誤，或工作無法照計畫進行而情緒低落時，就是抓住下屬的心的最佳時機。因為人在彷徨無助時，希望別人來安慰或鼓舞的心比平常更加強烈。

2‧人事變動時

因人事變動而調到新單位的人，通常都會交織著期待與不安的心情。應該幫助他

早日去除這種不安。另外，由於工作崗位的構成人員改變，下屬之間的關係通常也會產生微妙的變化，不要忽視了這種變化。

3 ‧ 下屬生病時

不管平常多麼強壯的人，當身體不適時，心靈總是特別脆弱。

4 ‧ 為家人擔心時

家中有人生病，或是為小孩的教育等煩惱時，心靈總是較為脆弱。

這些情形都會使下屬的情緒低落，所以適時的慰藉、忠告、援助等，會比平常更容易抓住下屬的心。因此，一方面，平常就要收集下屬個人資料，然後熟記於心；另一方面，管理者需及早察覺下屬心靈的狀態。

如何讓下屬忘掉不安或不快，是管理者的一個日常課題，必須做好。

下屬的不安可大可小，小的並不礙事，大的卻會讓他做不好工作，感到苦悶，最後做出辭職或跳槽的舉動。管理者的責任就是在下屬的不安還小時把它消除、化解。

因此，我們沒有必要懷疑「心理管理」的作用，應當切實關心下屬的內心世界和合理需要，挖掘潛能，為企業多做貢獻。最大的付出贏得最多的回報。如果在心理上贏得下屬，本身就是最大的收效。

先把人往好處想

有些管理者把大量時間和精力花在「看上」，而不重視、甚至極少「看下」。須知，這種做法是極為有害的。

真正決定你成敗的已不再是某個上司，而是你的屬下。你有必要重做一番「感情投資」。只有在你與下屬建立良好關係、在部門內部形成一種和諧的工作氣氛時，你的部門才可能獲得長足發展。

可是，有些上司卻對此不屑一顧。有的上司認為與下屬交心是懦弱的表現，他們認為：作為領導者應該有馳騁於「疆場」縱橫殺「敵」、一往無前的戰將風範，或者有以口舌雄辯於「疆場」，將各個敵手斬落於馬下，而捧著勝利品凱旋的儒將氣度。

這當然是一個理想的上司形象。但是，上司在前線如此驍勇，沒有下屬在後方為他築起堅固的「後防」行嗎？

當年的西楚霸王如何？其英勇有誰能敵，他不也是縱橫無敵、城必攻、敵必克

嗎？到頭來，烏江自刎，又是為什麼？你不能說他不勇敢，也不能說他武藝不精。毛病就出在他所信奉的「以力征經營天下」的信條上，他沒能籠絡住下屬的心，得不到下屬的忠心擁戴。結果身首異處，為後世惜。

鑒於古事，你作何感慨？

有的上司也許以為與下屬交心屬小事，不值得他去費多少心思。

其實，上司與下屬的關係，密切聯繫著部門與員工的關係。很難想像，一個對上司存在厭惡情緒的員工，會為部門的存在和發展披肝瀝膽。可以說，員工對於部門的前途起著至關重要的作用。

要想部門取得好成績，就必須讓員工信任上司；上司要贏得下屬的信任，就必須學會體會下屬的用心。

俗話說：「知人知面不知心。」可見，想完全瞭解別人的心思是何等困難。作為上司，你不可能一下子把員工的全部心思都瞭解透徹，這需要一個過程，一個在不斷解決矛盾中逐漸積累認識的過程。

有的上司一見員工出了差錯，就著急上火，接著便把員工鼻子不是鼻子，臉不是

臉地狠訓一頓。這樣，上司消除了一腔怒氣，但對於員工而言，無疑會加上一副格外沉重的枷鎖。這種處理方法不僅不能解決問題，甚至可能帶來更嚴重的後果。

遇到這種情況，脾氣暴躁的上司要格外小心，切莫一時逞性子而壞了大事。

你首先要做的是作一番調查研究，看看員工出現如此失誤究竟是何原因。這樣，你才能做到「有的放矢」，不至於盲目蠻幹。

如果員工的確是出於一片好心，他為了公司著想，只是不小心才把事情做糟了，沒能達到預期的效果，出現了操作失誤，這時，員工心裡肯定是很委屈的，同時，他也一定在責備自己，也隨時準備著接受你的批評。

如果這時你不調查不核實，粗暴地訓他一頓。那麼，即使他心中承認自己有失誤，也會對你的這種做法大為不滿，從而產生抵觸和叛逆心理。他會認為你是「把好心當成了驢肝肺」，在以後的工作中，他就不會再為部門「自找苦吃」了。

更重要的是，這種做法不僅嚴重挫敗了當事員工的積極性，還會影響到周圍的員工，使周圍員工的積極性也不同程度地受到損傷。久而久之，整個部門員工的上進心、積極性都消失了，你這個部門也就到了該解體的時候了。

遇到這種情況，你應該心平氣和地與員工談話，逐漸消除他的緊張心理和嚴重的自責情緒。同時，你也應當明確地對他這種為部門著想的工作態度予以肯定。

你要讓他明白，你這個上司是充滿人情味的，絕不是一個「六親不認」的無情無義的「冷血人」。

你可以輕鬆地告訴他：「假如我是你，我也會這麼做的。」你與員工的心理位置盡可以倒換一下，把你為他設身處地著想的意圖明確地告訴他。受此激發，員工也會自然而然地為你去著想。

他會想：假如我是上司，我會如何如何。這樣，就會平衡員工的心理。使員工在不受到外力壓迫的情況下，在以後的工作中會更有效地督促自己努力，為公司發展做出更大的貢獻。

這樣做的另一個好處就是激勵了其他員工的積極性。通過這件事，其他員工會明確地接收到一個資訊：只要為部門著想，終會受到上司的賞識。於是，員工們的積極性和創造精神被空前地調動起來。萬眾一心，何事不成 ?!

團結部下，重在「攻心」

三國時代劉備雖說是皇室後代，因年代已久，查無可考，即使是真的，也沒有給他留下什麼好處。他少孤，與母親一貧如洗，只好以販履織席為業。這樣一個普普通通的平民百姓，為什麼能崛起於群雄之上，成為鼎足三分的一代梟雄呢？雖說有英雄造時勢等原因，但從其本人來說，是因為他最得「攻心」之妙用，是一個非常傑出的「攻心」戰略家。

他團結部下，重在「攻心」。劉備與關羽、張飛義結金蘭，食則同桌，寢則同席，關羽與張遼的談話，說出了與劉備之間的深情厚誼：「與兄（張遼），朋友之交也；我與玄德是朋友而兄弟、兄弟而主臣者也。經可共論乎？」後人知關雲長「掛印封金」、「千里走單騎」的英雄事蹟，更顯出劉備強烈的個人魅力。

張飛因醉酒被呂布奪了徐州，使劉備家屬陷於城中，張飛因受關羽責備而要自殺。劉備說：「古人云：『兄弟如手足，妻子如衣服。衣服破，尚可縫；手足斷，安

可續?』吾三人桃園結義,不求同生,但願同死。

「今雖失了城池家小,安忍受兄弟半道而亡?況城池本非吾有。家眷雖被陷,呂布必不謀害,尚可設計救之。賢弟一時之誤,任至遽欲捐生耶!」這話多感人,難怪張飛為他拚死一生。

趙雲,劉備一見面就非常喜愛,投靠後極度信任。長阪坡時,有人說趙雲投降曹操,劉備說不可能;當趙雲把阿斗送到劉備面前,劉備摔子,並說:「為了犬子,差點傷了自己的一員大將。」劉備的話讓趙雲非常感動,從此趙雲也盡心為劉備驅使。

劉備「三顧茅廬」,使諸葛亮為他「鞠躬盡瘁,死而後已」;劉備知錯必改,向龐統誠意致歉,使龐統以死報效;劉備大膽起用魏延,使漢中無憂;劉備不吝爵位,使老黃忠以七十高齡而不退休,戰死疆場。

這些文臣武將在當時都是「種子選手」,難怪他能三分天下取其一。劉備對屬下的關愛,得到了豐厚的回報。

在一個企業的管理過程中,人性關懷主要表現為管理者的關懷,尤其是要給予那些最需要的人更多的關懷。

客觀地講，被關懷，是每個員工內在的特殊動機和需求，管理者只有掌握這一管理人的要素，才能調動員工個體的主動性、積極性和創造性，讓員工發揮最大的能力，為實現共同目標而努力工作。

所謂「得人心者得天下」。管理者要想用關愛激勵感化員工，首先必須尊重人，把員工當成「人」來看待。或許有點危言聳聽，不過很多管理者在對待員工時，僅僅把他們看成是完成任務的工具，即便是關心他們的一些需要也是出於迫不得已，結果使得員工與管理階層的關係非常緊張。這不但不利於組織整體效率的提高，而且難以在組織中形成凝聚力和歸屬感。

美國著名的管理學家湯瑪斯・彼得斯曾大聲疾呼：「你怎麼能一邊歧視和貶低員工，一邊又期待他們去關心產品品質和不斷提高產品品質！」

其實，對員工施以真切的關心，滿足員工被關懷的需求，贏得員工的「芳心」並非難事。因為員工的「被關懷」需求並非高不可攀。平日裡，管理者只需多留心，對員工各方面情況盡可能多瞭解，發現員工對工作的不滿之處，及時給予必要的關懷，努力幫助員工克服困難，解除紛擾，就會使員工感受到企業的溫暖。

甚至一句簡單的問候，往往也能傳遞管理者溫暖、體諒的心，打動員工，讓員工感覺到自己被尊重、被關懷著。例如員工病好後上班，管理者及時表示出自己的關切之情：「完全好了沒有，要不要再多休息幾天？」等等。如此一來，員工的感情就會因「關懷」而昇華，從而激起他們自覺做好工作的熱情，促進企業發展，給管理者的「關懷」以回報。

管理者的關懷主要體現在心理支持和行動支持兩方面：

心理支持，不外乎理解、認同、信任、鼓勵等積極心理暗示。具體而言，對於信心缺乏甚至很自卑的員工，管理者的關懷最好採取暗示方式，讓他們通過自己的理解，自然地接受這種關懷，並轉化為積極的行為。反之就會弄巧成拙，「關懷」不成，卻讓缺乏自信者愈加心灰意冷，自卑者更加自卑。

同時，管理者從接納員工那天開始，就應擔負起引導員工成長的責任。達爾文曾說：「上帝在每個人身上都種有偉人的種子。」所以，每個員工都有可塑性和可培訓性，都具有成功的特徵。企業管理者輔助員工成長時，一定要本著帶動而不是丟棄的態度，去對待那些需要拉一把的員工，讓其有能力與大家同步前進。這也是行動支持

的主要體現。

「一分付出，一分收穫。」企業管理者從思想方面著手，為員工多花費點時間和金錢進行「關懷投資」，實現與員工在思想上的融通和對問題的共識，企業獲得的必將是更多的資源與回報，這是任何一項別的投資都無法比擬的。

管理者要有政治家的眼光

無論是戰爭還是商業運作，都不是單純的個人行為，而是一種較複雜的社會行動。因此，要求軍事指揮員和企業經營管理者，應該具備政治家的眼光和氣量。

《三國演義》第三十回提到，官渡之戰結束後，曹軍打掃戰場時，從袁紹的圖書案卷中，撿出一束書信，皆是曹營中的人暗地裡寫給袁紹的投降書。當時有人向曹操建議，要嚴肅追查這件事，凡是寫了黑信的人統統抓起來殺掉。然而曹操的想法與眾不同，他說：「當紹之強，孤亦不能自保，況他人乎？」於是下令把這些密信付之一炬，一概不去追查，從而穩定了軍心。

可見，曹操這位史稱「治世之能臣，亂世之奸雄」的人確有其非凡之處。儘管他在某些地方行事殘暴，但在用人方面卻始終表現出政治家的寬闊胸懷，儘管曹操多疑，但用人不計舊仇，還是可讚頌的。

除了官渡「焚書信」一事外，書中還在其他幾處描寫了他豁達大度的政治家胸

懷。例如宛城之戰中，張繡率軍殺死了曹操的長子曹昂、侄子曹安民和大將典韋，曹操自己的右臂也在亂軍中被流矢所中。

後來，張繡聽從賈詡的勸告投靠了曹操。曹操熱烈歡迎張繡的到來，不僅沒有報殺子之仇，而且還與張繡結成了兒女親家，並拜他為揚武將軍。張繡十分感激，他在後來的作戰中，為曹操統一北方，建立了汗馬功勞。

可以肯定的是，凡是有大作為的人都有大的度量；完成大事業者必有大的胸懷，千古萬世，莫不如此。

春秋時期，晉文公重耳外逃十九年，得位後，平定了國內的亂黨。為了安定人心，便讓過去偷過他東西的仇人頭須，作他的車夫，駕著車四處周遊。那些曾跟著舊主子逃亡的人，終於相信了文公是不計前怨的人。由此，晉文公贏得了國人的信任和擁護，社會迅速安定下來。

周定王元年，楚莊王平定叛亂後，大宴群臣，並讓愛妾許姬為大臣們敬酒。突然，一陣輕風吹滅了廳堂內的燈燭。黑暗中，有個人拉著許姬的衣袖調情。許姬不從，順手扯下了他的帽纓，並告訴莊王，要求掌燈後立即下令查出帽子上沒有纓帶

的人。

莊王聽了哈哈大笑，當即宣佈：「請百官們都把帽纓去掉，以盡情痛飲。」待大家都把帽纓扯下，莊王才下令點燈。這樣，究竟誰是行為不軌者，已無法分辨。許姬不理解，莊王說：「酒後狂態，人常有之，倘若治罪，必傷國士之心。」

後來，在吳兵伐楚的戰爭中，有個人奮不顧身，英勇殺敵，為保衛楚國立了大功。此人名叫唐狡，他就是「先殿上絕纓者也」。有詩寫道：「暗中牽袂醉情中，玉手如風已絕纓；說君王度江海量，畜魚水忌十分情。」

由此可知，具有大度量，才能團結人心，使用人才。而無論是戰場上還是商場上的勝利，都是與加強內部團結密不可分的。

就拿曹操來講，其當時雖然取得了官渡之戰的勝利，但是袁紹還佔據著冀、幽、青、並四州的大片土地，曹操只有集結更大的力量，乘勝前進，才能平定河北，統一北方。

同時，從整體戰略大棋盤上看，曹操的正面有袁紹，背後和側後有劉表、劉備以及江東實力雄厚的孫權，仍處於內線作戰，並未完全擺脫困境的狀況，此形勢正是急

需用人之際。因此，只有從長遠和全局的利益出發，轉消極因素為積極因素，鞏固內部團結，才能繼續勝利進軍。

還需看到，當時秘密寫投降書給袁紹的並不只少許人，而是一批人。試想，若是嚴加追究，必然牽扯面廣，會造成人才大量的流失，也會對整體事業帶來極大不利。

例如一些企業或部門，出於主管的人事變動，初上任者一上來就是「三把火」，其中最重要的一把火往往就是先把「逆我者」屁股燒紅、燒焦，或乾脆讓其滾蛋，不論人才與否概無倖免。這種做法正好是曹操當年的反證，其結果也就不難猜測了。

曹操燒密信，不但安定了人心，防止了人才損失，而且使寫信的人愈加佩服曹操的威德，效忠曹操。這樣，一批被免去追查的人才所激勵出的新能量，要比原來大得多。由於曹操是「未看密信就予燒掉」，也就無「秋後算賬」或「兔死狗烹」的打算與跡象，可讓人真正放心，充分表現出政治家的胸懷。

綜上所述，現代企業家，同樣應持有相當的氣量，不僅向古代典範人物學習，能夠大度地吸收其他群體投奔的成員，或允許本群體內曾有異心的人校正過來，且充分發揮他們的聰明才智，以利於整體事業的興旺發達。

提高非權力影響力

一個使用權力的管理者，他對別人的影響，往往是帶有強迫性的。這種管理方法不能縮短領導者與被領導者之間的心理距離，被領導者是被動服從，缺乏自覺性、主動性、積極性。

一個成功的領導者之所以成功，不在於他手中握有的權力，而在於他自身所具有的領導魅力。

大多數成功的領袖，他們自身好像一塊磁鐵，深深地吸引著別人矢志不渝地追隨他們。他們總能激發起人們的狂熱情感，總能驅使人們不停地行動，他們身上體現出來的這種巨大的、宗教般神秘的力量，就是魅力，即非權力影響力。

它與權力性影響力具有相反的特點：(1)這種影響力是自然性的，非強制性的；(2)它不是憑藉單純的外力作用，而是被領導者在心悅誠服的心理基礎上，自覺自願地接受影響的過程；(3)領導者與被領導者關係和諧、心理相容。

富蘭克林‧羅斯福在39歲時不幸患有一種麻痺症，他的雙腿再也站立不起來了。

在大部分時間裡，他不得不坐在輪椅上。儘管病魔纏身，他還是艱難地以頑強的毅力克服一切困難。以他迷人的魅力，傾倒了美國人，他是美國歷史上惟一一位連任四屆的總統。

在二戰期間，羅斯福被他身上那種非凡的個人魅力得到了最大的發揮。為了獲得戰爭貸款，他說服下屬捐獻自己的手錶。

羅斯福被他的下屬視為偶像，他的司機也這樣說：「羅斯福是一個非凡的領袖，我們需要他的領導。」

羅斯福關心下屬，他奉獻給下屬的是一種母親的愛。在管理美國的十多年時間裡，他從沒有訓斥過一個下屬。

海因茨‧亞當是聯邦安全委員會的主席，他以詼諧的口吻說道：「如果羅斯福將聯邦安全委員會1.3萬雇員集合起來，站在孟斐斯的亨納達大橋上，並喊一聲『跳』，會有99.9％的人跳進下面水流湍急的密西西比河裡，你可以看出忠誠的力量。」

一個人之所以成為領袖，必須有能讓眾人傾倒的魅力，否則他就不是一個真正的

領導者。如果你也想做一名優秀的企業家，那麼你就必須培養和發揮你的個人魅力，以吸引你的員工。

美國好萊塢最成功的領導人之一肯克萊屋說得好：「明星是被塑造出來的，不是自然天生的。」無論是一個什麼樣的成功者，或是老闆或是學者、乃至美國總統，其實他們的成功者氣質，無不是來自於他們願意努力經營自己的自覺意願，以及讓自己達到成功者特殊地位的堅毅決心而已。

無論你是一個成功的企業家，還是一位普通的職員，「成功者氣質」正是讓你越過一些既定的標準，鶴立雞群的某種特質。

我們經常會看到，宴會中某個人就像磁鐵一樣，不管他站在哪裡，身邊總是吸引著一堆人圍繞著他。還有一些人，不管他的頭銜是什麼，總是不由得令人蕭然起敬。

想想看一些人，不管他在什麼場合出現，都會成為最受歡迎的人，這就是成功者的氣質——成功者的視覺標識。

獲得成功者氣質，獲得這種成功者的視覺標識，沒有捷徑。

首先，你必須先通過某些特定的方法塑造一個成功的自我形象。開始，你必須消

除一切畏懼和自我懷疑。只要看穿其本質，畏懼是很容易戰勝的。如果仔細研究一下，你就會發現它們總是既愚蠢又無形的。除了你的思想在作怪外，幾乎什麼也不存在。

害怕失敗可能是最常見的畏懼心理了。但是如果你拒絕接受失敗，你就絕不會失敗。一旦這樣的自我懷疑從頭腦裡被完全趕走，你就可以集中注意力做好更重要的事情。

其次，為了加強成功的自我形象所必要的自信心，你必須作好充分的心理準備，百分之百地相信自己是最好的。這樣，面對一切情形，你都可以隨時掃除可能產生的任何障礙，從而擁有一個成功的自我形象。

本田技研工業公司是世界上最大的摩托製造企業，可是在它創始初期，只有一間破舊車間，員工們都看不到成功的希望，只有企業的主人本田宗一郎，站在一只破舊的箱子上對眾人高喊：「我們要造出世界上第一流的摩托車。」

他的手下沒有一個人能夠相信這句話，但本田本人充滿信心，他也一直以這樣的目標鼓舞、激勵員工，終於本田公司的員工被他的熱情所感動，大家齊心協力，共同

85

朝這一目標奮鬥，竟使本田的產品達到了世界一流。

企業家的個人魅力之所以重要，關鍵是他能夠影響到這個團體的士氣。一個暮氣沉沉的管理者，是無法領導一個朝氣蓬勃的企業的。

學會讚美你的部屬

在大多數的組織裡，管理者們花很多的時間在挑剔部屬的什麼呢？也許你回答得非常正確——挑部屬的毛病，然後再花時間去批評部屬的不是。作為管理者，如果經常重複這樣的事情，最容易導致部屬自暴自棄，情緒低落，甚至造成上怨下恨，兩敗俱傷的結局。

喜歡讚美，而不喜歡批評，這是人的天性。充分利用這一人性的弱點，會使我們的工作更上一層樓。戴爾・卡內基曾經這樣說過：「當我們想改變別人時，為什麼不用讚美來代替責備呢？縱然部屬只有一點點進步，我們也應該讚美他，因為那樣才能激勵別人不斷地改進自己。」在我們的生活中應盡量少批評別人，讚美則可以多一點點，再多一點點。

除非你想到處樹敵或使你的領導效益降低，否則，你不應在大庭廣眾之下指出某個人的缺點或錯誤。因為在大庭廣眾之下指出某人的缺點或錯誤，你會使這個人感到

困窘，以後他不但不願跟隨你，更可能一輩子都不會原諒你！

假如在場的人有支持他的，你的敵人就更多了，因此，絕對不要輕易嘗試！在大庭廣眾之下批評人是管理之大忌，在現實生活中是應予以絕對避免的。

作為管理者，要經常找出部屬做的對的事情，給予讚美，協助部屬發揮最大的潛力。讚美是合乎人情的領導方法，在強調以人為本的現代管理中，讚美被譽為暢行全球的「通行證」。適當得體的讚美，會使你的部屬感到很開心，很快樂。

《一分鐘經理人》一書的作者肯尼士·布查博士，也是一個特別強調「讚美」的可貴性與正面性的學者。他說讚美會使你的部屬有這樣的感受：「他很清楚地讚美我的表現，我就知道他是真摯地關心我，尊重我，並且很熟悉我的工作內容。」人人都渴望讚美，人人都渴望被重視，管理者要時刻牢記心中。

管理者在讚美部屬的同時，你也會得到意想不到的回報，那就是你的部屬感受到自己的表現受到肯定和重視時，他們會以感恩之心表現得愈來愈出色，愈來愈精彩，業績常常超出你的想像。

一有機會就要讚美你的部屬，永遠不要嫌多。讚美你的部屬可以用真誠的微笑來

示意或表達，許多人都支持這樣的說法：微笑的力量無堅不摧，微笑是最好的領導。

不過，讚美最直接的方法，還是用語言表達來讚美別人，增進你的讚美能力可以採用以下幾種方法：

1. 讚美前要培養關愛部屬和欣賞部屬的心態，這是令你產生讚美意願的惟一方法。

2. 讚美時要找出值得讚美的事情。

3. 讚美的態度要真誠。

4. 讚美時最好能配合你關愛部屬的眼神和肢體語言，達到和諧統一，產生強烈的震撼力，以求得更好的讚美效果。

5. 一經發現部屬的優點，應立即讚美他，為他打氣，「馬後炮」的效果就「差之毫釐，失之千里」了，讚美一定要及時。

6. 一定要讓部屬知道你感到自豪或感到高興的心情。

7. 讚美要講究語言表達的技巧。

在現實生活中，不少管理者普遍存在這樣的幼稚看法：部屬做好、做對事情是天經地義的，是他應盡的義務，何須勞神費力地去讚美他們？至於做錯事情或事情沒做

好，則是不可原諒的，必須立刻加以批評或斥責。如果哪位管理者仍存有這種過時的、落伍的想法的話，應該立即徹底全面地加以根除。

當然，我們不是要各位管理者永遠不要批評、責備你的部屬。當你的部屬犯有過錯時，假使你不能適時適地地表達你的感受或看法，那你就是在縱容他的過錯，遲早會慣壞他，這是非常嚴重的管理錯誤。

現代管理不是規定做管理者的不該批評部屬，只是在批評時要特別講求技巧，否則會對管理的效果造成破壞性。那麼到底怎樣才算是正確而有效的批評呢？下面幾種批評的方法在實際生活與工作中相當有效，不妨一試：

1. 批評要對事不對人。

2. 具體清楚地告訴部屬錯在何處。

3. 讓部屬清楚地知道你對這項過錯的感受。

4. 不要在有第三者在場的場合下公開責備部屬。

5. 批評部屬時不可情緒衝動。

6. 對女性進行批評時，最好採取較柔和的方式。

7.不要只有批評而不讚美。

在現實生活中，領導者們總結了一套經常採用的被人們形象地概括為「夾心餅」式的批評方式，又叫做「三明治」式批評，簡單地表述為「讚美＋批評＋讚美」。

在《談人的管理》一書中，玫琳凱‧艾施詳述了這種批評人的「藝術奧妙」：

「我不認為管理人員批評部屬永遠都是適當的，『不要光批評而不讚美』，這是我嚴格遵守的一項原則。不管你要批評的是什麼，你必須找出對方的長處來讚美，批評前和批評後都要這麼做。這就是我所謂的『三明治政策』。」

批評是針對行為，而非批評人，在討論問題之前和之後，不要忘了讚美，而且要試著以友善的口吻來結束。用這種方法處理問題，不會使部屬遭到太過無情的責難或尷尬，或引起部屬的憤怒。身為管理者，假如你要贏得部屬更多的忠誠，你必須對他們多讚美、少批評而且要揚善於公堂，規過於暗室。

給人的讚美並非愈多愈好

讚美是一種報答和激勵他人的有力工具。那麼，給人以讚美自然就多多益善，是嗎？

不，你錯了！讚美正如其他任何威力強大的工具，如果你不知道怎樣善加運用，那麼它不但毫無用處，甚至會導致危險。

在某些人看來，讚美是一劑萬能良藥，可治癒創傷、撫慰脆弱的感情。然而有些人覺得，讚美更像一杯咖啡，可使他們感到溫暖、刺激和帶來一種幸福感。當然，沒有讚美他們同樣能好好地生活著，但是偶爾來一杯熱咖啡一樣的讚美，自然會使工作倍添樂趣和幹勁。

不幸的是，讚美有時並非這樣單純。它會讓人上癮！就像常服麻醉品會上癮一樣，生活中也不乏接受讚美成癮的人。

一個人一旦聽讚美成了癮，那就太可悲了。他渴望許多的讚美來滿足自尊心的饑

渴，為了得到讚美，他幾乎可以不顧一切。他所需的讚美劑量必須逐漸加大才能令他滿足。

問題是不久麻煩就會開始：如果你被認為沒給他「應得的讚美」，就會引發他的憤恨與抱怨。他總以為自己很了不起（其實那是由於浮誇讚美而造成的虛幻身價），也許因為你無法繼續滿足他的虛榮與自大而與你反目成仇。

在瞭解了過多讚美的弊端之後，來看看讚美的正面價值和用途。

讚美是工作、生活的調味品，適量為佳。讚美的價值基於多種因素而定：你給了多少讚美？是什麼樣的讚美？對誰讚美……這都是決定讚美有無價值和效用的因素。

譬如，你是不是一個不輕易讚美他人的人？如果是，那麼即便你說：「你這個人不錯。」這樣一句平淡的話，也會被對方當作最高的讚美。反之，如果你平素一向不吝讚美，那麼同樣一句簡單的讚美，也會由於不含你平日言談中華麗的詞藻而導致對方不快，甚至誤解，尤其是對方有「讚美癮」的話。

暫時保留對人的讚美，有時和給予讚美具有同樣的力量，或者效果更佳。可也必須注意到：有些人在得到讚美後，反而會變懶散，就像有人在飽餐美食一頓後，會滿

足地大睡一番一樣。喜歡聽讚美的人，給予他的讚美最好適可而止，只要對方滿意了，就可「剎車」。

給人讚美，最好能與其他獎酬相配合。如果一個人獲得了高度讚揚，同時還得到晉升，那才是真正有意義的讚美。反之，若僅僅獲得讚美，而晉升的承諾卻遲遲不兌現，那麼對方就會認為這一讚美不過是廉價的替代品而已。

讚美可分為兩類：真誠的和虛偽的。虛偽的讚美是一種阿諛奉承，在不嚴肅的愛情中可能會有若干輕微的作用，但在事業奮鬥中卻派不上絲毫用場。授人以虛偽的讚美，就等於在玷汙被你讚美的人的同時，玷汙你自己。

怎樣表達讚美是一門藝術，有的人讚美人時往往顯得很勉強和矯揉造作，他給人的讚美仿佛有一層煙霧，缺乏誠意。同時有「賣弄」自己讚美能力之嫌。結果雖然看似在讚美別人，其實卻顯出更企望別人來讚美他。

有的人所給予的讚美，是從容和流暢的。他所給的讚美也許比較少，然而卻由於讚美方式不同，使他表達的讚美往往更有意義，更顯得自然。

行家給人的讚美有諸多不同方式。他也許只是細心傾聽你的敘述，但那正是他對

你的讚美；他或許流露出自己有某一弱點來間接襯托你的優點，那也是他給予你的讚美；他也可能在你的朋友那裡讚美你，就和面對面讚美你一樣真誠。

讚美、尊敬和榮譽，這些都是我們每一個人所需求的，要知道，沒有任何一個人能對真誠的讚美毫不動心。物質的獎勵以及其他有形的酬賞都比不上發自別人內心的讚美。

如果你希望你所給予的讚美能有助於你事業的成功，那麼對於別人應得的讚美就切莫吝嗇施予。這樣的讚美，既能使對方感謝你的真摯，也會促使他努力去獲取他應得的讚美。

善待別人，別人也會善待你

善待你生活中的每一個人，他們也就會善待你。生活中的每一個人，無論是默默無聞還是身世顯赫，也無論是文明還是野蠻，年輕還是年老，無論是你門前釘鞋的師傅還是居委會管事的，還是大街上開計程車的，都有一種成為重要人物的願望。

這種願望是我們人類最強烈、最迫切的一種目標。或許正因為瞭解了這一點，我們在各類廣告中都能看到這樣的字眼：「聰明的人都會使用……」「鑑賞力高超的人士都會使用我們的……」「想成為人人羨慕的對象就要使用……」這些廣告標語都在不斷地告訴你：購買了這項產品，就會成為被人們注目的人物，使你感到心滿意足，因此值得你去購買。

社會上絕大多數人，實際上不可能成為令人注目的公眾人物，一個村婦也不會因為使用了某個東西而成為貴婦，而且，購買某種產品的人也未必見得每個人都是聰明人。但是，這些廣告卻利用了人們希望成為重要人物的願望而大賺其錢。

由此可見，只要滿足了別人的這種願望，使他們覺得自己重要，你就能很快地走上成功的大道。這種滿足別人成為重要人物的願望，的確是成功百寶箱裡的一件寶貝。

那麼，我們究竟應該怎麼做，才能滿足別人的這種願望呢？

我們大多數人做理論探討時誇誇其談，但只要將這種理論轉化到實際生活之中，往往就會忽略一些重要的東西，如忽略「每個人都希望成為重要人物」這個觀念。在我們的生活中，我們聽到最多的是「你算老幾」、「你算個什麼東西」、「你說的話分文不值」等等這樣的話。

而人們之所以如此對待他人，傷害他想成為重要人物的想法，是因為大部分人看到別人，尤其是那些似乎無關輕重的「小人物」時，總是在想：他對我來說無所謂，他不能幫我什麼，因此他很不重要。

事實上，每個人，不管他的身分多麼微不足道，地位多麼的低賤，薪水少得屈指可數，他對你都很重要。道理很簡單，就僅僅因為他是個人。所以，當你滿足了他的願望，使他意識到他對你很重要時，他就會更加賣力，對你加倍地友好。

有位公車司機，是個脾氣異常暴躁的人，曾經幾十次、幾百次地甩下再有兩秒鐘

就可以趕上的乘客，所以，口碑極差。但是，他卻對一位跟他非親非故的乘客特別關照，不管多晚，這位司機一定會等他上車。為什麼呢？就因為這位乘客想辦法使司機覺得自己很重要。

那位乘客每天早上一上車都會跟司機打個招呼：「早安啊。」有時他會坐在司機旁邊，跟他說些無關痛癢卻很中聽的話語，例如：「你開車的責任很重呢！」「你開車的技術很好！」「你每天都在擁擠不堪的馬路上開車，真有耐心！真了不起！」等等。

於是，就將這位司機捧得飄飄欲仙，這位司機想成為一個重要人物的願望得到了極大的滿足，對那位說他好話的乘客自然就另眼看待了。如果你能像那位乘客一樣善待每一個人，能夠滿足他們成為一個重要人物的願望，並且長期地堅持下去的話，你就會在你的事業上取得成功。

你如果是個銷售商，顧客會向你買更多的東西；如果你是個老闆，你的員工會更加努力地工作；如果你是個員工，老闆也會更多地照顧你。如果你仔細分析一下我們身邊的成功人士，你就會發現，那些真正的成功人士，尤其是取得了巨大成就的成功

人士，都會善待跟他有關的每一個人，而且每個人都很尊敬他，看重他，這也就大大增加他們對他的貢獻。

因為他把那些人看得很高，滿足了那些人的心理需求，因此他就能從他們那裡獲得更大的工作成績。所以，若想成功，那就先從善待跟你在一起的每一個人做起。古往今來，得人心者，才能得天下！

應該有一顆慈悲為懷的心

從事經營管理的人，應該有一顆慈悲為懷的心，尤其是領導者更應具有這種胸懷。松下幸之助講了這樣一件事：「我在生意場上曾與人發生糾紛。當時有人出面仲裁勸和，松下先生，他說：『松下先生，這件事你就認輸好了，要贏是可以贏的，但你應考慮到你的屬下。為了自己的屬下，你可以輸掉這場糾紛。一個領導者也應替屬下設想，並有委曲求全的胸襟才對呀。』當時我很感動，他說得很有理，有責任地位的人，是該有慈悲為懷的胸襟。」

沒有慈悲心的人，與禽獸無異。請不要忘記這個道理。

只有在不斷反省中，老闆才能把自己的工作做得更好，而不總是在原地徘徊，在低水準層次上一再重演失敗的故事。

松下幸之助先生有個令事業急速成長的秘訣：知人善任。松下十分信賴部屬，且善於運用領導權，故能令部屬充分發揮所具潛能而如虎添翼，堪稱知人善用之典範。

松下自己獨立經營松下電器不久，即獲得各界好評，這當然得歸於松下產品十分精良之故。而一般人對於製造方法，絕不輕易告知親戚朋友，至於外人，更不得窺其殿堂。然而，松下的作風卻與眾不同，只要是其手下之工作人員，不分親疏，莫不傾囊相授。

「這麼重要的機密不應隨便傳授，否則容易被人仿造。」曾經有人給予松下忠告。

「我們必然是充分信賴部屬，方才決定錄用他。像我這樣傳授他們一點訣竅，有什麼不妥，而值得擔心的呢？如果不肯對部屬坦誠相待，對事業發展的前途而言，十分不利。」

「用人得當，賓主盡歡的經營方式，相信是促使我的事業迅速發展與成長的主要因素。」松下先生也曾如此表述他的意見。

就松下的經驗而言，吃裡扒外的人固然有，但是小瑕疵無損人局，並不影響他的巧妙用人法，因此其事業蒸蒸日上。他認為唯有充分信賴部屬，才能令他們毫無保留地發揮潛能，這即是他的用人觀。這亦可說是松下先生自無數經驗之中所獲的經營哲學，所謂「士為知己者死」，即是這個道理。

唯有百般信賴對方，對方才會甘效犬馬之勞，即使要赴湯蹈火，亦在所不辭。世事如果盡如人意，當然一切都是很簡單。但是，人算不如天算，難免遇到一些不肖之徒，儘管赤誠相待，還是做出吃裡扒外的勾當。

此時，問題在於領導者本身，如何施予適當的控制，使其無大洞可鑽。這完全得憑領導者的先見之明與聰明才智來克服，倘若有足夠的睿智駕馭部屬，則不肖之徒亦無法為非作歹。

因為松下先生具有這種超人的能力，故可令所信任的人，充分發揮其潛能。要相信一個人，十分不易，因此，信人者，人恒信之。

給下屬一些決策權

或許你會說：「高級管理層每天都不會有很多決策，更何況員工。」但是，據管理學專家及一些大企業對高級管理層所做的調查發現，各級管理層每天需要對77件～583件事做出決策，而人們普遍做出的反應是或者等待，或者做出選擇，採取行動。

其實，無論是高級管理人員還是一線的領班，每天都需要對許多事情做出決策，一些看似簡單或無關緊要的決策，實際上卻異常重要。

一位看板製作商，他的工作主要是把客戶的構想繪製在膠合板上，通常是60英尺×35英尺。有人認為他的工作純粹是複製，根本不需要做什麼決策。但是，他卻認為：

「我需要做出無數決策，從看板的重量、色彩、質地到效果。」

儘管他工作的整個框架已經固定，但是，他卻需要面對許許多多的小決策，而這些小決策疊加起來卻會產生巨大效果。也就是說，同樣承擔同一公司業務的人，製做出的看板肯定有差異。

我們來分析一下飯店服務員的工作。在客人出現在餐廳時，他們有各種選擇，可以忽視客人的到來，也可以面對顧客微笑著說：「歡迎光臨，您需要什麼？」那些負責清理餐桌的服務員，則需要決定在一個客人已經用完餐，而同桌另一位客人仍在用餐的情況下，是否可以清理、如何清理餐桌，而負責為客人添加飲料的人員，又需要尋找添加時機。

也就是說，對於服務員來說，在從觀察到行動的過程中需要做出許多決策，而所做出的決策將決定顧客對該餐廳的印象，進而決定餐廳的效益。

不僅僅旅館、餐廳、醫院、航空公司等服務機構的員工每天需要做出無數決策，研究單位、鋼鐵公司、軟體公司、電信局、商業會計事務所、火車生產線的員工們……也會面臨決策。

儘管不同的企業有不同內容、不同程度的決策，但是，他們仍需要就出現的問題做決策。例如，對面前的事是想辦法解決，還是頂回去？對生產線出現的問題是關注，還是隨它去？對客人報以微笑，還是冷漠地做「好」本職工作？儘管有些時候一些決策「看不見」，企業管理層絕不能忽視它們。

不論是什麼類型的企業和機構，每個員工都需要做出決策，因此，企業高級管理層應當適當放權，一方面讓員工感到自己是企業的重要組成部分；另一方面培養員工處理問題的能力，在問題剛出現時能夠立即給出恰當決策，並立即行動。

有人可能會說：「即便員工每天都需要做出許多決策，但是這些小決策疊加起來也不及整個企業做出的戰略性決策。」這個觀點是錯誤的。誠然，企業戰略性決策決定企業的發展方向，但是，這些非戰略性決策疊加起來卻會產生巨大效應。

現在的問題並不是小決策是否具有影響力，而是如何使它們有效結合起來產生正面效果。一家中型企業的副總裁曾經去一家商店為好友選購禮物，她在那兒等了近20分鐘，幾個服務員都沒有理她。她後來這樣描述：「我不介意等多久，但是我很生氣他們對我的態度。我站在那裡，沒有一個服務員注意到我的存在，沒有一個人看我。

「有兩個服務員的確忙碌，但是第三個服務員空閒下來也根本不理睬我，他也不告訴我『請等一會兒』或者『請您先隨便看看』，他們什麼都不說，也不向我點頭。

「最終，他注意到我，但毫無抱歉之意，他使我覺得我根本不是個人而是件物品。從那以後，我下決心再不跨入這家商店的門，永遠不會！」

儘管多年後這家商店已有很大改觀，而且營業額也大漲，但是這位「固執」的女士還是記得多年前的不快印象。由此可見，員工做出的不恰當決策會使企業承受多大損失。

前北歐航空公司最高副業務主管詹‧卡爾佐統計發現，第一線的員工每天需做出大約十七萬個大大小小的決策。當他升任最高業務主管時，公司每年的客流量已經達到一千萬，員工與顧客的接觸機會達五千萬次。因此，員工的服務狀況將直接影響公司的效益。

他說：「員工每天做出的決策會產生正面效果和負面效果，我們盡量避免負面效果。可以說，這是決定公司成敗的關鍵因素。」企業應適當放權，但不難發現，許多企業都不能把決策權充分授予員工，這是因為，儘管強調員工的決策具有重要作用，但是，這種作用卻幾乎是無形的。

因此，大多數企業對員工的決策和行動，進行直接而全面的監督、干涉和控制。

美國的商業戰略專家詹奎茲認為：每個員工任何時候都會做出決策，而這些決策與他

們擁有的決策權和判斷力有關。一個優秀的管理者應該適當放權，使員工的才能充分發揮出來，因為，員工對公司瞭解的程度絕對不比高級管理層差。

以航空公司為例，上級領導層有權決定機票是否漲價，而服務小姐將決定對客人採取何種態度，她們可以站在機艙口不讓飲過酒的顧客登機，可以按常規進行規範服務，可以對身體虛弱者給予關照……此時產生的效果則決定顧客對該航空公司的印象，進而影響公司效益。

公司高級管理層從做出戰略性決策到付諸實施的時間可能是幾年。而在此期間，每個員工做出的數百萬個決策所具有的影響力則是巨大的，公司的潛在客戶可能因此增加或減少。儘管上層決策者做出的決策與航線、中樞調度等有直接關係，但是，員工做出的小決策會對這二大決策產生影響。

不論是高級管理層還是員工，不論是大決策還是小決策，人們的判斷力、擁有的決策權和給予的建議至關重要，它們將影響決策本身和最終效果。正如詹奎茲所言：員工的判斷力、決策權和建議是任何一項工作的組成部分，不論工作特性如何，也不

論處於哪個決策層。

然而，一些管理人員認為，授權給員工，讓員工做決策將使企業變得混亂不堪，無法管理，而設立的規則和管理層愈多，對員工進行的監督愈全面，給他們「胡想」的機會愈少，愈好控制局面，自己的決策才能貫徹下去。

但是，有兩個方面需要注意：第一，任何企業不可能100％的控制員工的工作。一定程度上講，員工不得不使用自己的判斷力；第二，全部控制員工的決策權只會產生最低效果。

交響樂團指揮的控制權看起來很大，演奏人員絕不可能按自己的興趣隨便演奏，指揮實際上控制著整個表演過程的各個方面。因此，可以說，他（她）具有100％的控制權，每個演奏人員必須聽從指揮。

但是，交響樂團的一個成員說：「一個偉大的指揮家最具魅力的地方，就是用最微妙的手勢產生巨大效果，他讓你瞭解他的意圖和期望獲得的效果，他通過指揮棒瞭解每個演奏人員的能力，他需要和諧和力度，他給每個人充分決定權。但是，如果你愈想控制，獲得的效果愈糟，到頭來就只剩下生氣了。」

因此，完全控制是不可能的。即便可能，在今天競爭激烈的商業環境中也不應該如此，否則你將因為自己的管理失策而失去市場優勢。應該說，任何一個領域都要遵循一個原則，那就是——給員工一定的決策權。

第 三 章

抓好做事的關鍵步驟

深事深謀，淺事淺謀，大事大謀，小事小謀，遠事遠謀，近事近謀，都必須具備深遠高明的見識與策略。計謀貴在高人一籌，策略貴在遠人一著。能看到人們不能看到的，思慮人們不能思慮的，推算人們不能推算的，這才是遠謀大略。

敢於解決棘手問題

領導者的能力常表現在什麼地方呢？可以肯定地說，能否在關鍵時刻大顯才智，則為一點。大家知道，在一些重要的關頭，領導者也會碰到棘手的難題，如果在此關鍵時刻，其他同事都束手無策的時候，你卻挺身而出，使問題迎刃而解，那麼你就會贏得大家的認可和讚揚。

馬謖是諸葛亮手下的大將，屢立戰功，也算是一位功臣，然而卻留下了大意失街亭的遺憾。

司馬懿出兵進攻街亭這個咽喉要塞，為諸將提供了一個表現才能的好機會，馬謖也看準了這個關鍵時刻，主動請求把守街亭。諸葛亮深知街亭的戰略意義重大，提醒道：「街亭雖小，干係甚重。倘街亭有失，吾大軍皆休矣。汝雖深通謀略，此地奈無城郭，又無險阻，守之極難。」

馬謖立功心切，立下軍令狀，但他的想法並未如願。街亭失守，打亂了諸葛亮出

歧山的計畫。馬謖不僅沒能立功，還喪了卿卿性命。而同去的趙雲、鄧芝卻表現甚好，沒有損兵折將，還保證了軍資什物的安全，深得諸葛亮的喜歡。

諸葛亮親自率領諸將出迎，見到趙雲說：「是吾不識賢愚，以致如此！各處兵將敗損，惟子龍不折一人一騎，何也？」鄧芝回答說：「某引兵先行，子龍獨自斷後，斬將立功，敵人驚怕，因此軍資什物，不曾遺棄。」

諸葛亮誇獎道：「真將軍也！」還賞賜趙雲50斤金子，又取絹一萬匹賞給趙雲的部卒。趙雲推辭不受，諸葛亮更是倍加欽敬，歎道：「先帝在日，常稱子龍之德，今果如此！」

同樣的關頭，同樣的機遇，馬謖把事情辦砸了，趙雲和鄧芝卻把事情辦得很好，一個傷了諸葛亮的心，一個贏得了諸葛亮的賞識和敬佩，所以，關鍵時刻表現自己有很多經驗值得總結。

關鍵時刻的難題最能考驗人，所以必須具備衝上去的勇氣。有的領導者確實有才能，但害怕困難，或者採取事不關己的明哲保身態度，因而不敢在緊要關頭站出來，自己的才能也不會表現出來。

其實，領導者儘管不是毛遂，但敢於在關鍵時刻挺身而出，可以說是大家的老師。毛遂自薦隨平原君到楚國談判合作的軍國大事，平原君與楚王談了大半天也沒結果，主要是楚王有顧慮，決意不下。

眼看談判要以失敗告終，隨行的其他十九個人都一致動員毛遂出馬，考驗他的時候來了。毛遂鼓足勇氣，問：「從之利害，兩言而決耳。今日出而言，日中不決，何也？」楚王得知毛遂是平原君的幕僚後大怒道：「胡不下！吾乃與汝君言，汝何為者也！」毛遂受辱但毫不含糊，提劍逼近楚王，以三寸不爛之舌說服了楚王，平原君出使楚國最終大功告成。

這一次出使楚國，使平原君認識到了毛遂的價值，讚歎說：「毛先生一至楚，而使趙重於九鼎大呂。毛先生以三寸之舌，彊於百萬之師。」後來把毛遂作為上客看待。毛遂固然有才，但在這裡他表現出了很大的勇氣，可以說是智勇雙全才獲得了成功。

有智無勇或有勇無謀均不能成功。培根先生曾說過一段與此關聯的話為證：「如果問：在政治中最重要的才能是什麼？那麼回答是：第一，大膽，第二，大膽，第

114

三，還是大膽。」同樣，如果要問：在關鍵時刻獲得賞識的東西是什麼？那麼回答是：第一，勇氣；第二，勇氣；第三，還是勇氣。

但是，單憑滿腔熱情和勇氣並不夠。關鍵時刻表現出色還必須知彼知己，方能百戰不殆。馬謖雖然具備了足夠的勇氣使他承擔了守街亭的重任，但他並不瞭解敵我雙方的情況，沒有認真觀察地形，同時剛愎自用，不聽勸諫，於是糊裡糊塗打了敗仗。

古語也說：沒有金鋼鑽，不攬瓷器活。既不能正確估價自己的能力，也不能估計事情的難度，勢必有很大盲目性。馬謖在估價自己時認為「某自幼熟讀兵書，頗知兵法。豈一街亭不能守耶？」馬謖在估價對手時放言：「休道司馬懿、張郃，便是曹叡親來，有何懼哉！」

馬謖看了街亭地勢後，嘲笑諸葛亮多心，違背諸葛亮的交代駐軍在山頭上，還執意不聽王平的勸告。這些失誤沒有理由不導致失敗。如果馬謖能正確分析敵我形勢，不致於到這種結局。諸葛亮在失街亭後，所做出的決定表明他是智勇雙全的領導者！

作為領導者，要善於把握關鍵時刻獲得下屬的信任和重視，這就要求，一方面要善於把握某些關鍵時刻，另一方面也要善於把某些時刻變為關鍵時刻，善於創造關鍵

時刻。

對於關鍵時刻的把握是一個領導者能力的體現。有的領導者平時並不見得有什麼過人之處，但在一些非常關鍵的場合下，他卻表現得盡善盡美。只要你智勇雙全，又善於把握關鍵時刻表現自己，也就很容易得到下屬的肯定了。

培養果斷決策的工作習慣

優柔寡斷的壞處，不只是在你反復考慮之間喪失了成功的機會，它給人最大的負擔是精神上的壓力。在慎重行事的同時，少一分猶豫，就多一分成功的可能。

一個人的成功與他善於抓住有利時機，果斷做出決策休戚相關。不管事情大小，果斷出擊總比怨天尤人、猶豫不決更為有益。果斷決策，絕不拖延是成功人士的作風，而猶豫不決、優柔寡斷則是平庸之輩的共性。

由此可見，不同的態度會產生不同的結果，如果你具備了果斷決策的能力，必然會在殘酷而又激烈的競爭中，創造出輝煌的業績。所以，只要你現在排除猶豫不決的工作態度，果斷採取行動，就能達到你預期的目的，你也會不斷地走向成功。

如果你想消除猶豫的毛病，養成果斷決策的習慣，就要馬上從今天開始，永遠不要等到明天，強迫自己去練習，切勿猶豫。

在你決定某一件事情之前，你應該對各方面的情況有所瞭解，你應該運用全部的常識和理智慎重地思考，給自己充分的時間去想問題。一旦做好了心理準備，就要果斷決定，一經決定，就不要輕易反悔。

如果發現好的機會，你就必須抓緊時間，馬上採取行動，才不致於貽誤時機。不要對一個問題不停地思考，一會兒想到這一方面，一會兒又想到那一方面。你該把你的決定，作為最後不變的決定。這種迅速決斷的習慣養成以後，你便能產生一種相信自己的自信。如果猶豫、觀望，而不敢決定，機會就會悄然流逝，後悔莫及。

另外，你還要見機行事，學會果斷應變。當好機會出現時，要敢於抓住時機，扭轉航向。當壞的消息傳到時，要敢於甩手拋棄。在職場能成功的人，就是在面臨決策抉擇時，能夠沉著、客觀、冷靜地分析各種情況並能夠果斷決策的人。

有時，在兩難的情況下做出決策確實不容易。但是，不管是對還是錯，你一定要速做決定，因為你必須採取行動。

那些害怕做決定的人們，不管是怕老闆指責自己，還是擔心會丟掉工作，或者任何其他能找到的放棄對自己工作的控制權的理由，都得記住，你們在消極地選擇不做

決定時，其實已經做出了選擇。與其決定被動地讓工作控制你，不如你做出決定來控制工作。

學會在做決定時拋開僵化的是非觀念，那你就會輕而易舉地做出決定。你不應將各種可能的結果看作對的或錯的、好的或壞的，甚至不應該視為更好的或更差的。各種選擇的結果只是不同而已，沒有對錯的區別。

只要你不再採用自我挫敗性的是非標準，你就會認識到，每當你做出不同的決定時，你只是在權衡哪一種結果。倘若你事後後悔自己的決定，並且認識到後悔是浪費時間，下一次你就會做出不同的決定，以達到你的期望。但是無論如何，絕不要以「正確」或「錯誤」來形容自己的決定。

你最好認識到，果斷決策者難免會發生錯誤，但是，這無疑比那些猶豫者做事迅速，猶豫者根本就不敢開始工作。而且，就你由此所得到的自信力，可被他人所依賴的信賴感等來說，要比喪失決策力有價值的多。不做決定，你就會失去了向失敗挑戰的勇氣和決心。

當然，這種在兩難中做出選擇的勇氣，必須伴隨著看清問題的敏銳洞察力。如果沒有經過思考，沒有看清問題，只有不顧後果的勇氣，以為即使下錯決定也無所謂，那就很危險了。沒有經過慎重思考就盲目決定的勇氣，只不過是匹夫之勇而已。

相信自己，當斷則斷

古人云：「慈不掌兵。」在你的公司裡，肯定會時常有人向你提出帶有誘惑性的請求，也許這種請求之中同時還有某種許諾，比如你的一位部屬找到你，略帶慚愧，但又仿佛壯志在胸地對你說：「如果你不太計較我這個月的那幾次缺勤，我保證會更好的工作。」

這種說法也許會使你捫心自問：「下屬都把未來交給我了，我還能鐵石心腸嗎？」在另外有些時候，下屬的請求又近乎於敲詐，比如：「我个會告訴其他人的，特別是汪經理，說你把檔案搞丟了，但我太想休假了……」

人的素質是參差不齊的。每個公司裡都有素質較差的人，或者成績平平甚至起反作用的人。這些人也許有的很有背景，也許有的與領導者還有親屬關係。一旦這些人犯了錯誤，職員們都看在眼裡，這樣領導者的形象便會受到嚴峻的考驗。

如果你採取果斷的措施，對他們及時說「不」，那麼你的威信很快便樹立起來

了。如果你猶猶豫豫又怕破壞了上下級友好關係，又害怕影響公司整體風氣的提高，前怕狼後怕虎。當你躊躇於如何做出決定時，你用幾年時間確立起來的高大形象就可能大大貶值，企業風氣也會滑坡，甚至會毀於一旦。

領導者的權威體現在下達命令和分派任務上。作為領導者，一定要勇於言「不」，發現問題，當機立斷，即使在不接受你任務的下屬面前，你也不可失掉你的權威。你必須使下屬懂得無條件服從，在行動上必須堅持接受任務。如果一個領導者沒有這種威嚴，那就實在難以推動公司全局的工作。

齊威王當政以後，委政地卿大夫，九年之間，國勢衰微，鄰近諸侯紛紛來犯。齊威王下定決心，要徹底整頓國家政務。朝廷裡，經常有人講即墨大夫如何如何腐敗。齊威王便派人到即墨去調查情況，發現物豐人喜，人民安居樂業，官府沒有積壓的公事，邊境也安寧無事。於是，再有人參奏即墨大夫，齊威王都斷言回絕，且怒斥之。

同時，齊威王聽到最多的好話都是頌揚阿城大夫的，說阿城大夫治理阿城如何井井有條。他打算把阿城大夫立為典型，作為群臣學習的榜樣。於是，派人去搜集他的優秀事蹟，可是那人回來向他報告說：「阿城田野荒蕪，官府腐敗，民不聊生。」齊

威王當即下令將阿城大夫斬首示眾。很多大臣都來為其求情，但齊威王對他們置之不理，堅決地將阿城人夫處死了。

事後才知道，原來那些為阿城大夫求情、說好話的人，都是因為接受了阿城大夫的賄賂，而那些說即墨大夫壞話的人，則是因為即墨大夫不向他們送禮送錢。齊威王大怒，把那些巧言令色的人們都給予了嚴厲的處罰。從此，齊國人都受到了極大的震動，人們再也不敢搬弄是非，混淆視聽了，齊國國力也日漸昌盛。

要說出「不」來是要付出代價的，但你要記住由此而帶來的收益要遠大於此。作為領導者，你常常會遇到下屬對你說：「我們都知道老李不太符合當下一屆負責人的條件，但他確實為公司工作了大半輩子，沒有功勞也有苦勞啊！況且大家都很支持他。」

這種帶有極大攻心的意見，極有可能會讓你在關鍵問題上放棄了原則，使其他人用一種巧妙的方式，來促使你放棄原來的最佳選擇。

也許，你完全可以很容易的將所有的決定「順乎民心」，但你必須清楚的認識到，當你在做出決定的時候，你並不是出於決策合理化的考慮，而是出於對自身利益

或者其他員工的意願考慮。此時，企業的人際關係是「差之毫釐，繆以千里」的影響，你會使那些傳統文化中的庸俗部分死灰復燃，在你的公司中腐蝕它健康的肌體。

「在決斷之際，企業的最高領導人是孤獨的。」畢竟人在高處，有時候就是需要你堅決的做出選擇，勇敢地對你的下屬說「不」。這不僅意味著你的尊嚴，還體現著公司的一貫原則與處事風格。如此一來，每個人都會在這樣的原則約束下，使彼此的關係更加親密、健康，公司積極向上的氣氛才會很好的營造起來。

與下屬共同承擔責任

在用人過程中，領導者不僅應該讓下屬承擔相應的責任，使他承受一定的壓力，而且自己也應該承擔一份責任，雙方職責分明，榮辱與共，這就是與下屬共同承擔責任的全部含義。

為什麼在用人過程中，領導者要十分強調與下屬共同承擔責任呢？

道理很簡單，任何下屬在接受上級委派的任務時，都會產生強烈地追求「安全」的心理要求。這種心理要求，具體表現在兩個方面：其一，對自己，最好少承擔甚至不承擔責任，尤其是在接受沒有多少「把握」的任務時，更希望上級能讓自己「不承擔」明確的責任。

其二，對上級，希望能替自己多分擔一些責任，倘若能聽到上級這樣說：「你就大膽做吧，出了問題我負責。」那就再好不過了。顯而易見，前一種心理要求，含有很多消極因素，容易使下屬滋生不思進取、畏縮不前的惰性；而後一種心理要求，卻

是正當合理的，應該予以適當滿足。

俗話說得好：「壓力出水準。」領導者在交給下屬某項任務時，不應僅賦予他相應的權和利，還應讓他承擔與其職權相稱的一份責任，這樣做，能使他感到有一種壓力在驅使他勇往直前。

而一定的壓力，能轉化成一定的動力，又能轉化成一定的效率和水準。在這裡，關鍵在於掌握好壓力的「度」。壓力過大，會把下屬壓垮，使其不敢接受任務；壓力過小，又起不到鞭策、鼓勵作用。唯有壓力適度，責任與職權相稱，下屬才能出色地完成任務。

在讓下屬承擔相應責任的同時，領導者也別「忘了」承擔自己應負的一份責任。因為自己做出的決策，並非「萬無一失」、「絕對正確」，其中很可能包含著不正確的因素，有時甚至是完全錯誤的。

再加上下屬在執行任務的過程中，還會受到多種不確定因素的干擾和制約。因此，誰也不能保證下屬的「行為軌跡」會完全沿著領導者的「思維軌跡」前進，即使遇到暫時的挫折和失敗，也是不難理解的。

126

因此，敢於為下屬撐腰壯膽，敢於在必要時替下屬分擔責任，不僅體現了一個領導者的道德品質和領導水準，而且直接關係到上下級之間能否建立起互相信賴、互相支持的融洽關係，關係到整個管理機器能否正常運轉。

倘若下屬偶有過失，領導者就把他當作「替罪羊」拋出去，而自己卻不承擔絲毫責任。那麼，還有哪個下屬願意再為這樣的領導者「效勞」呢？

在通常情況下，下屬儘管存有希望少承擔甚至不承擔責任的心理要求，但他自己也認為這只不過是一種不切實際的「奢望」。只要領導者能夠實事求是地按照委派任務的性質，讓下屬明確承擔相應的責任，下屬一般還是願意接受的。

問題的關鍵在於，幾乎每個下屬都希望領導者能夠替自己分擔一些責任，對於這一正當的心理要求，倘若領導者不能痛快地予以滿足（哪怕「部分」滿足），則下屬是絕難忍受的。一旦遇到是非糾葛，下屬就會為了自衛而對領導者做出強烈反應。

由此觀之，與下屬共同承擔責任，關鍵不在如何滿足下屬的第一種心理需求，而在於能否盡力滿足下屬的第二種心理需求。在這方面，各級領導者應注意以下六點：

1. 向下屬分派任務時，領導者不應故意回避自己應承擔的一份責任，這是處理好上下級關係的大前提。

2. 領導者必須明確區分哪些是下屬應負的直接責任，哪些是自己應負的領導責任，絕不要含糊其詞，模稜兩可，讓下屬聽了心裡沒底，或者感到「安全係數」太小，或者感到似乎有空隙可鑽。

3. 說話要留有餘地，切忌憑空許諾。

有的領導者喜歡拍著胸脯對下屬說：「出了問題我負責！」這樣做，表面上看上去似乎給了下屬一張「護身符」，實際上，有頭腦的下屬並不相信自己的上司果真能夠承擔一切嚴重後果，過分的承諾，反而容易使人產生懷疑。領導者的這種做法，還容易誘使下屬放鬆警惕，給工作造成一些不必要的麻煩或損失。

4. 下屬承擔責任和領導者分擔責任，本來是兩個緊密相連，互相制約，缺一不可的「環」。

領導者替下屬分擔責任的目的，不僅是為了使下屬增添幾分安全感，更重要的還在於有意培養和增強下屬對領導者的信任感，使下屬願意承擔自己應負的「直接責

任」。為此，領導者就必須毫不含糊地替下屬分擔下列責任：

(1) 由於領導者做出的錯誤決策（包括正確決策中的「不正確」因素）所造成的損失。

(2) 下屬在執行任務過程中，遇到各種不確定因素的影響和干擾所造成的挫折和失誤。

(3) 其他一切值得同情和諒解的過失。

5. 領導者一旦向下屬做出分擔責任的許諾，就應該遵守諾言，絕不反悔。

當下屬果真遇到不應由他負責的挫折和失誤時，領導者不僅應該馬上「兌現」自己的承諾，而且還應該向下屬明確表示，願意為下一個行動計畫繼續分擔責任，以此來鼓勵下屬進一步樹立戰勝困難的信心和勇氣。

6. 沒有選擇，也就沒有藝術。

在某種意義上說，用人藝術，就體現在領導者向下屬委派任務時，如何極審慎地在「下屬承擔責任」和「領導者分擔責任」之間，巧妙地選擇一個令雙方都感到滿意的交接「點」。

而用人術則不同，它或有意混淆這兩者的界限，以便為領導者自己留一條退路，或言而無信，出爾反爾，在關鍵時刻拿下屬當「替罪羊」。兩種用人方式，儘管具有本質上的區別，但是，倘若領導者稍有不慎，也可能不知不覺地從前者滑向後者。這一點是需要予以特別注意的。

總之，承擔責任，一要分清職責，二要適度。在此基礎上，領導者要嚴以律己，敢於為下屬分擔責任。只要做到這些，下屬就會心甘情願地服從上級的調遣，整個用人行為才能取得預期的良好效果。

領導者做事要靈活變通

春秋戰國時期偉大的思想家孔子，因在魯國得不到重用，實現不了他的政治理想，於是54歲的孔子離開魯國，帶著弟子們周遊列國，其間到過宋、衛、陳、蔡、齊、曹、鄭、浦、葉、楚等國家。

他「遁道彌久，溫溫無所試，莫能己用」，過匡國時被匡人拘禁五日；過鄭時，被人形容為「累累若喪家之狗」，他一生跑來顛去，始終不被君土們重用，孔子歎息道：「尚有用我者，期月而已，三年有成。」「如有用我者，吾其如東周乎！」經過了14年的周遊生涯，68歲的孔子回到了魯國。臨死之際他歌曰：「泰山壞乎！梁柱摧乎！哲人姜乎！」

這位「明知不可為『而非要』為之」的孔子，一生四處碰壁，屢屢不被重用，原因到底在什麼地方呢？

關鍵是他忽視了春秋時期社會的外在客觀環境，而他的「仁禮」之類的政治學

131

說，對於治世沒有什麼重要的作用。各國君王及諸侯希望的是一種能使國家迅速強大，足以稱霸天下的法家思想，而孔子的這種思想恰與君王們的想法背道而馳，所以像李悝、商鞅，包括後來韓非子的法家思想，更契合君王諸侯們的想法，所以孔子屢屢碰壁也就不奇怪了。

所以一個人在事業上要取得成就，有一定的貢獻，那你就不能有「明知不可為而為之」的頑固想法。既然不可為，無法做，或者做不到，那就早點覺悟，立即止步，這樣不致於浪費你的時間、精力、感情，避免出現到了最後兩手空空的結局。

孔子之後的孟子，和孔子有差不多的命運。他也曾力圖在當時的戰國推行他的政治學說「仁政」，可是當時各國君王都夢想著成為天下的霸主，實行「霸道之治」，孟子的「王道之治」根本就沒有市場。

雖然各國君王都把他敬若上賓，可並不採用他的政治學說，於是孟子也像孔子一樣感嘆：「如欲平治天下，當今之世，舍我其誰也！」最後也只能和弟子們著書立說，以求將其思想發揚光大。

人面對強大的社會，只能去被動地適應。一定程度上的主觀能動性經常會使一個

人迷失自己，以為憑自己的努力可以改變一切，包括社會環境和各種條件，就像人類盲目主動地「改造自然」，最後卻毀壞了自然，使人類自己遭到更大的報復。這種想法是荒謬可笑的，到頭來會發現自己在整個社會面前是一個微不足道的小角色，微小到如同地上的螞蟻一樣。

當然，這個世界總是有一些自以為是的英雄人物，覺得自己天生是改造社會的人，天生是領袖人物，所以他們經常會做出一些常人不敢做的事情，當時當地似乎是成功了，但以歷史的眼光來說卻是大敗而歸。

統一了中國的秦始皇就是這樣一個人，以為自己是天下的皇帝就可以為所欲為，居然做出「焚書坑儒」這樣為人所不能接受的事情，正所謂「不可為而為之」，而且又「為」的比較成功，可他真正成功了麼？他的始皇乃至萬世的夢想，不過到了二世便土崩瓦解了，這能算是成功嗎？

仔細分析現實中那些在事業上「明知不可為而為之」的一味鑽牛角尖的人，會發現：

1．這類人極其自以為是，甚至到了自負的地步

他們相信自己的想法、做法是極其正確的，既然自己的正確，那別人的都是錯的，或者至少是有不足的地方。包括孔孟這樣的人，在論述自己理論學說之時，也不忘指責他人理論的錯誤或不足。孟子就曾對「霸道之治」提出嚴厲的批評。而秦始皇包括後來「獨尊儒術」的漢武帝，無非都是一意孤行地要堵上別人的嘴巴，其結果是愈堵愈難以堵上。

某青年，一直相信自己是個文學創作的天才，從高中時期便迷戀於文學藝術，將其他的一切學科都以不屑的態度對待，數理化學總是不及格。可是他在文學上卻始終得不到承認，他的文學青年夢既辛酸又漫長。如今衣不蔽體、食不果腹，卻依然筆耕不輟，自認為有一天會像卡夫卡一樣揚名世界，不知他這個四處碰壁的文學夢何時才能醒來呢？

2．這類人一廂情願，忽視周圍的客觀現實

認為自己正確，這本身無可厚非，但你那一套到底符不符合現實狀況呢？單憑主觀願望而鑽牛角尖，必然是要四處碰壁的，就像鑽牛角尖的人最終困死在象牙塔裡一樣，頑固的結局必然是失敗。

3．這類人最大特點即不會靈活變通

《易經》有云：「窮則變，變則通，通則久。」一意孤行，明知不可為而為，忙了半天，卻一點效果也沒有，這個世界上沒有那種「只注重過程，不注重結果」的人。

既然沒有什麼結果，那還是變通為妙，不會變通者必然死路一條。

如果你在事業上屬於明知不可為而為的那類人，那你最好「放下屠刀，回頭是岸」。

(1) 換個角度考慮

當你深入牛角尖，愈往前走愈黑時，首先應對自己的選擇提出問題：路線對嗎？

方法對嗎？為什麼愈來愈窄？此種情況你可以假設一下：用另外一種方法，走另外一條路線，也許會走愈明亮呢。這就是換個角度想一下。

司馬光砸缸這個事例，實際上即不從正常角度，而換一種角度的具體應用。因為正常的救人方法達不到目的，只能看著人白白送命，這種情況下就需要看看還有沒有其他辦法。

(2)在前進途中小憩一下

你一意孤行於自己的事業，就像石達開一意孤行，把軍隊領入死胡同。在人們紛紛勸你的時候，比較衝動的、聽不進人言的你，不妨找一個沒人的、僻靜的地方睡上一小覺，身體在休息，頭腦卻在活動。在靜靜的空氣中，仔細品味一下你所做的一切有無價值、有無錯誤、有無缺陷⋯⋯

湘軍將相曾國藩就是一個在繁忙中喜歡找地方靜一下的人。這樣做可以使一個人像局外人一樣來觀察、審視自己，可以使一個人熱烘烘、亂糟糟的頭腦冷靜下來。

(3)找一些有頭腦的人做你的軍師或朋友

這些人就像你的鎮靜劑，會使你在「明知不可為而為之」的路上，少逗留片刻。

136

像劉邦身邊的蕭何、張良就是這樣的人，項羽身邊的范增也是這樣的人，只可惜項羽並不太聽范增的話，使得老范增被活活氣死了，而項羽卻在「明知不可為而為」的路上愈走愈遠，終於送掉了自己的性命。

第 四 章

決策：看清方向走對路

有兩個投資合作專案，一個成功的機會是80％，另一個有20％失敗的可能，你選哪一個呢？實際上這兩個專案成功與失敗的機率一樣，只不過前者只提成功，後者強調了失敗。但常理中，多數人總會選中前者，原因很簡單，成功的字眼順耳，使人興奮。

決策要有輕重緩急

和做任何事情一樣，企業決策也要有輕重緩急。這是企業管理者應當把握住的問題。一個企業無論如何簡單，無論管理如何有序，企業中有待完成的工作，總是遠遠多於用現有的資源所能做的事情。

因此，企業必須要有輕重緩急的決策，否則就將一事無成。而企業對自己之所知，對自己的經濟特點，長處與短處，機會與需要的決策分析，恰恰也就反映在這些決定之中。

懂得輕重緩急的決策，將良好的想法轉化為有效的承諾，將遠見卓識轉化成實際行動。輕重緩急的決策體現了企業管理者的遠見和認真的程度，決定了企業的基本行為和戰略。

雖然沒有任何公式能為這些關鍵性的決策提供「正確」的答案，但是，倘若它們是隨意之作，是在對它們的重要性茫然不清之下做出的，那麼它們不可避免地將是錯

誤的答案。要想獲得正確答案，這些關鍵性的決策都必須是有計畫、有系統地做出的。對此，企業的最高管理層責無旁貸。

輕者當緩，重者當急，關鍵決策，由於和企業生死攸關，更是一刻也不能忽視。

事實上，決策本身既是一件硬性工作，也是一件彈性工作，但不能固執行事，應該採取靈活的方式，控制好決策的過程，該先就先，該後就後，做點彈性處理也是企業管理者的智慧所在。

小疏忽搞垮大決策

即使最優秀的領導者也會不可避免地做出一些錯誤的決策。對此，鋼鐵業巨頭肯‧埃佛森有過一段精闢的論述：「從哈佛取得工商管理碩士可以說是不錯的了，可是他們所做的決策有40％都是錯誤的。最糟糕的領導者做出的決斷則有60％是錯誤的。」

在埃佛森看來，最好的和最糟的之間只有20％的差距。即使經常出現差錯，但也不能因此就回避做出任何決策。埃佛森認為：「管理人員的職責就是做出種種決策。不做決策，也就無所謂管理。管理人員應該建立起一種強烈的自尊心，積極地敦促自己少犯錯誤。」

如果掌握了正確的思路，領導者們完全可以把錯誤率降低。正確的思路即是對決策的難易程度做到心中有數。處理棘手的問題一定要格外謹慎。身為總經理，尤其要注意下列四個方面的問題：

1．決策時務必全面掌握資訊，參加競爭必須謹慎

二十世紀九〇年代，在美國享有極高聲譽的兩家製筆公司，展開了一場空前激烈的競爭。出人意料的是，實力雄厚、財大氣粗的派克公司竟一敗塗地，而克羅斯公司則乘機崛起，成了美國製筆業的新霸主。

知情者說，克羅斯公司的興盛，關鍵是其反間計謀高出派克公司一籌。

被稱為「世界第一筆」的派克筆，於一八八九年申請專利，年銷量達到5千5百萬支，產品銷至全世界120多個國家和地區。克羅斯筆有90年以上的歷史，年銷量達到6千多萬支，所不同的是，派克筆佔領的是高檔的市場，克羅斯筆則熱衷於低檔的市場。

這兩家公司的產品流向並不是一開始就是這樣的，而是經過幾番競爭才形成的。

數十年來這兩家製筆公司雖然在表面上井水不犯河水，但在暗地裡卻不斷加強自己的力量，雙方鬥智鬥勇，各使絕招。派克公司派出間諜多次策反克羅斯的技術人員，而克羅斯公司以牙還牙，利用收買對方關鍵人員和竊聽等手段，不斷獲得派克公司的經

濟情報。

二十世紀九〇年代初，鋼筆市場的競爭日趨激烈，為了在激烈的競爭中進一步拓展市場，派克公司任命了新的總裁彼特森。與此同時，克羅斯公司也在採取對策，除調整行銷策略外，還加緊搜集彼特森的興趣、愛好以及上任後所要實施的行銷策略。

由於種種原因，鋼筆的高檔品市場呈疲軟狀，為了不使公司的經濟效益受影響，也為了打響上任後頭一炮，彼特森意欲在拓展市場方面下一番功夫。正密切注視彼特森決策動向的克羅斯公司獲悉這一資訊後，立即召開會議研討對策，決定實施反間計，和派克公司展開一場殊死的較量。

克羅斯公司通過一家有名氣的公共關係資訊諮詢公司，向彼特森提出了「保持高檔市場，下大力量開拓低檔產品市場」的建議。這正中彼特森下懷。諮詢機構的權威建議，使彼特森沒有把主要精力放在針對市場變化改進派克筆的款式和品質，鞏固發展已有的高檔市場，而是採納了開拓低檔產品市場的建議，趁高檔產品市場疲軟之時，全力以赴地開拓低檔產品的市場。

聽到這個消息，克羅斯公司欣喜若狂，趕緊實施第二步計畫。一是裝模作樣地召

開應急會議，做出一副惶恐、膽怯狀，制定出了和派克公司爭奪低檔產品市場的措施，克羅斯公司非常害怕派克公司前來爭奪低檔產品市場，全公司上下一片恐慌，而且沒有制訂行之有效的應變措施。

二是由公司總裁給派克公司總裁致函，聲言兩家產品市場的流向是有協議的，你們不能出爾反爾，逾行規行不義之事。克羅斯這麼一番逼真的表演，越發堅定了彼特森的決策信心，緊鑼密鼓地開始向低檔鋼筆市場進軍。

為了不使派克公司看出破綻，窺出有詐，克羅斯公司還做了幾次廣告，製造競爭的緊張氣氛，擺出一副決戰的架勢。這一切使派克公司看在眼裡，急在心頭，為了搶先一步，派克公司憑藉財大氣粗和名牌效應，投以鉅資大做廣告，製造聲勢。

克羅斯公司見已達到預期目標，便傾全力向空虛的高檔鋼筆市場挺進。

儘管派克公司花了不小的力氣，市場效果卻收效甚微。試想，派克筆是高檔產品，是體面的標誌，人們購買派克筆，不僅是為了買一種書寫工具，更主要的是一種形象，以此證明自己的身分。所以派克筆價格再昂貴，人們也樂意接受。

而現在，高貴的派克筆卻成了三美元一支的低檔大眾貨，這還有什麼名牌可言

呢？派克公司順利地打進了低檔市場，但沒有達到預期目的。不僅如此，消費者像受了愚弄似的，拒絕接受廉價的派克筆。

有時候出於種種原因，我們還沒來得及掌握全面的情況，就做出各種決策。在這種情況下做出的決策極可能是錯誤的。

2．千萬不能過於自信

自信給人勇氣，使人做出大膽的決策。過分自信則是自不量力，毀人毀己。在體育界，這樣的事例不少。

一次，一位富商想買一支球隊。當時要價特別高，而他認為只要有錢什麼都不用擔心。過分自信迷惑了他的視線，使他看不到球員的巨額薪金和日漸下降的電視收視率，做這樣的投資實在不如把錢放在銀行裡。

然而還是有人在不斷地下賭注，收購球隊。過分自信使他們覺得自己承受得起這種昂貴的消費，他們相信風水會變，自己不會慘敗。但結果往往是一敗塗地。成功的投資領導者絕對不會高估自己，他們會三思而後行，不會為似是而非的好消息盲目

樂觀。

生意場上會時時傳來各種好消息與壞消息。我們常因好消息而忽略了壞消息的存在。

設想為了把一種新型洗髮精投放市場，我們做了一個市場調查。調查結果顯示，58％的消費者對這種洗髮精表示認可。這是一個令人鼓舞的數字，它說明超過一半的消費者會去購買這種產品。

不過，事情還有另一面。42％的消費者不喜歡這種洗髮精，這又說明有將近一半人會拒絕使用這種產品。人們往往只見那58％，而看不見這42％。他們沉浸在58％所帶來的喜悅之中。殊不知，如果他們再稍微關心一下那42％，結局也許會更完美。

好消息就這樣把你帶入自滿、自足的境地。它能削弱人的積極性、上進心。

有這樣一位網球選手，經過多年苦練終於享有世界第七的排名。她能輕鬆地對付那些排名不如她的選手，卻從來沒有擊敗過任何排名在其前的選手。在這樣的事實面前，存在兩種截然相反的態度。她可以認為自己排名世界第七，成千上萬的網球選手都不可能與她同日而語；相反，她也可以加緊苦練，向排名第六位的選手發出挑戰。

人一旦得到提升，有了個響噹噹的頭銜，便會認為大功告成，可以鬆一口氣了。他們得到了自己嚮往的薪金和地位。沒有多少人會想到，如果加倍努力，也許會換來更大的成績。

這種好消息帶來的盲目樂觀也會給公司經營帶來不利。可如果得到的是壞消息，效果就截然不同了。有人組織一場體育比賽，計畫獲利 5 萬美元。可實際結果卻與設想大相徑庭，主辦者反而賠了 5 萬美元。

消息傳開，大家紛紛要求削減開支，裁減冗員，甚至一張紙也不會輕易浪費。令人不解的是，為什麼在有利可圖的時候大家想不到節約，非要等到火燒眉毛的時候才做「何必當初」的感慨呢？

3．不要墨守成規

生意場上最可怕的是認為萬事不變：顧客不會變，他們會一如既往地購買自己的產品；委託人不會變，他們永遠覺得你真誠可信；競爭對手不會變，他們將永遠停留在原來的實力水準上。

成功的企業家和領導者絕對不會有這種墨守成規的想法。他們知道敏銳的洞察力和快速的反應能力是事業成功的關鍵。尤其在當今政治、經濟飛速發展的時代，快速的應變能力尤為重要。

許多人在做出決策的時候往往只憑經驗，不去想環境發生了什麼變化。他們會憑幾年前的失敗經驗告訴你：「老兄，5 年前我就這麼做了，根本行不通。」他們沒有想到，5 年後情況發生了變化，以前不適用的做法現在搞不好是恰逢其時。

還有一種人，他們死死抱住以前的規矩，不敢越雷池一步。他們頑固地認為：「這個方法 5 年前有效，現在當然還有用。」在他們眼裡世界是靜止的。

朱利安・巴赫年輕時在《生活》雜誌做記者。二戰後的一天，他與一名從納粹集中營逃出來的羅馬尼亞小夥子共進午餐。小夥子靠在紐約大都會劇院門口兜售演出紀念品為生。當時劇院正上演著名指揮家索爾・赫羅克指揮的芭蕾舞劇。

那是個 5 月的星期二，大氣晴朗。演出票銷售一空，小夥子的紀念品也全賣了出去。又過一個星期，還是星期二，天氣依舊晴朗，劇院上演著同樣的舞劇，演出票又銷售一空。可這一次，演出紀念品卻幾乎一份也沒兜售出去。

演出結束後，小夥子在劇院走廊上遇到赫羅克，告訴他自己實在想不通原因。赫羅克的回答出乎意料的簡單：「因為這是另一個星期二。」

因此，每當你做出新決策前，千萬不要犯墨守成規的錯誤。不要以為你以前失敗過現在還會失敗，也不要以為你以前成功過現在還會成功。

4・保持清醒，避免被誤導

並非做任何事，做任何決定，都能保證我們沒有一點失誤而絕對正確，每個人都一樣，常常在情況不明之中做出錯誤的決策。

容易使人產生錯誤而被誤導的情形主要有以下幾種：

(1) 情況不明

有位經理從不認為與之打過交道的人都要記住自己的名字。每當第二次見面時，如發現對方已記不起自己時，總是主動上前自我介紹，以避免重提過去的事而使人感到難堪。

類似情況時常在商務談判中出現，有人因為初次見面過於拘謹，不好意思將自己

150

不清楚的地方提出來，就參加了談判，甚至不認真思考就匆忙決策，沒有仔細反省一下，這樣妥當嗎？

(2) 真理並非在多數人手中

靠多數人的意見來決策並不能保證完全正確。在討論中，坐在會議室的人都講同樣的話並不是件好事。這裡面必然有其他因素作怪。當領導者講完或同仁發言時，迫於領導者的威嚴或不願與同仁爭執而傷和氣，不少人總是予以附和，講出雷同或不痛不癢的意見。這往往會使會議主持者和決策人難以瞭解真實情況，靠此做決定自然會脫離實際。

正確的做法是，認真聽取大家的意見後，經過論證和思考，等人都走後，自己再做決定。

(3) 別被美妙的飾言迷惑

有兩個投資合作專案，一個成功的機會是80％，另一個有20％失敗的可能，你選哪一個呢？實際上這兩個專案成功與失敗的機率一樣，只不過前者只提成功，後者強調了失敗。但常理中，多數人總會選中前者，原因很簡單，成功的字眼順耳，使人

興奮。

精明的銷售員會用自己的口才去向顧客描述產品優質、齊備的功能，以講「好」來推銷。但聰明的顧客不會被這表面現象和技巧所誘惑，他會根據多方面的觀察做出自己買與不買的決定。

(4) 不過分迷信經驗

許多商人總愛用老辦法來處理新問題。過去的輝煌已變為歷史，不一定就適合當前已經變化了的世界，何況從來就沒有常勝的將軍。如果你仍用以前的框框來指導目前的生意，期望從中找到共同之處，那只會使你失去更多認識新事物，把握其特殊性的機會。因此，正確的原則是：過去的經驗是成功的總結，但並不一定就是包治百病的靈丹妙藥。

(5) 不忽略基礎數字

當領導者都有這樣的體會，與基層的員工在一起交朋友，會使你得到更多在高級職員中聽不到的資訊。真正準確的報表應該是來自各個車間工段。有不少的經理，往往忽視了報表的作用，對來自各方的資訊，只要與自己的主張相同，就認為業務上沒

問題了，而不願多下些功夫去挖掘更深一層的情報資料。

例如，總經理問銷售經理：「這個月汽車銷售情況如何？」他回答：「行情不錯，已有50輛車被客戶預訂了。」如果掌握的資訊更多，就會彙報說：這個銷售量與上個月或與去年同期相比情況怎樣，與競爭對手比較又是如何；從50輛車的選型看，哪種品牌，哪種價格的車行情看好，我們應採取哪種促銷手段就能賣出更多數量的車等等。

這些情況，對於每一個承擔推銷任務的人來說，都應該經常掌握。

重視下屬的智慧

員工都遵照命令行事，即使公司再大，人才再多，也不會有發展。

當公司或商店的規模隨著歲月愈變愈大時，其組織就會像政府機關一樣，日漸趨於僵直硬化。因此，在不知不覺中就會有些不成文的陋規出現。比如，一般的社員有事要先向主任報告，而不敢直接去找科長；主任就要先找科長，不能直接找處長；科長要先找處長，不能直接找經理。像這樣就很難發揮個人的獨立自主性，連帶的也使公司無法再做進一步的發展。

因此要想辦法來防止這種現象。具體地說，就是要製造職員能直接向經理表達意見的風氣，尤其是身為主管的人，更有責任去製造及保持這種風氣。

其實，一般的職員越過主任、科長、處長，直接向經理報告，絕不會有損科長或處長的權威。如果主管不具備這種胸懷，反而會使一般職員有所顧慮，這時候就是趨於僵直硬化的開始。

屬下的意見或許沒多大的價值，但其中一定也會有主管沒想到的構思，這就要特別加以注意，並且彈性地決定採用與否。如果只是固執地相信只有自己的方針才是對的，那就無法步出自己狹窄的見解範圍。唯有把屬下的智慧當作自己的智慧，才能有新的構想，這是主管的職責，也是使公司、企業發達的要素。

還有，對於員工的提案，並不是要完全沒有錯誤才採用，而是要多少採用一點。

「這既是你的構思，那我就試用看看吧。」這種不完全擯棄的接納態度，才能使員工勇於提出新的提案。如果員工都是「遵照命令行事」，就算擁有再多的人才，公司也不會有發展。公司再大，人才再多，若沒有讓年輕人自由發表意見、自主工作的機會，是什麼也做不起來的。

那麼，該怎樣鼓勵部屬多提建議呢？

1・以借用智慧、充滿感謝的心情傾聽部屬的建議

為了公司，提案制度有存在的必要。對員工們的意見，不只是一味的「聽聽」而已，為了克服公司在業務方面的弱點，除了克服障礙及產生新構想外，必須有「借用

部屬智慧」的制度及認識。

假如有這種「借用智慧」制度存在的話，部屬們自然會為公司貢獻智慧。不論什麼樣的提案，只要提出來的話上司都心存感謝，部屬就會爭相獻智。

2．鼓勵日常中的提案

有了這樣的心情之後，假如一切都交給提案制度，照樣不會產生好提案。最重要的是鼓勵部屬在日常生活中，對上司的意見、質問、異議、疑問等提出自己的意見和見解。實際上這些都可能是很棒的提案。做為上司應該積極鼓勵，大力扶持這種行為。

3．給予研究的場所

某家生產公司在每一個製作所都設置一個創作室，裡面放置著球盤、旋盤、研磨機、熔接機等機器，每一位員工都可利用閒暇的時間自由使用。只要是休息時間或下班以後都可以完全自由分解機器，重新組合。因為如此，此公司內部的提案數量相當多，而且在質的方面也都相當優異。

但是一般公司都因為訂了太多的諸如不准碰機器、不准弄壞等繁瑣的規定，員工自然而然就退縮，失去對機器或工作關心的心情。這種公司產生不出好的提案來也是很正常的事。因此，給予員工發想或研究的場所，對促進提案是非常重要的。

4・對不平、不滿也要表示歡迎

不要使部屬壓抑任何的不平或不滿，必須充分重視他們的意見。

從員工的疲倦及對工作的倦怠等各種申訴中，可以瞭解到作業改善及注意安全性生產的重點。假如有這種態度，根本不需特意去提高士氣，到處都可找到改善方向的動力。

5・對提出來的意見要馬上有所反應

例如：員工們若有「這種事即使告訴上司也沒用，反正他是不會管的」這樣的心理，一定是因為上司平日的態度所引起的。對任何事情都要有馬上處理或下結論的能

力，對上司來說是很重要的。

如果身為主管卻怠慢了這種努力或責任，不僅提案，就連部屬們的希望、意見也不會產生，也就無法使組織達到充滿活力了。

樂於接受反對意見

有些人自以為是，不善於接受別人的意見，所以根本無法治療自己的弱點，從而取得成功之道。

環顧我們生活的周圍世界，我們會十分明顯地感到一點，要想使每個人都對自己滿意，這是十分困難而且不大可能的。實際上，如果有50％的人對你感到滿意，這就算一件令人愉悅的事情了。

要知道，在你周圍至少有一半的人，會對你說的一半以上的話提出不同意見。只要看看西方的政治競選就夠了：即使獲勝者的選票占壓倒多數，但也還有40％之多的人投了反對票。因此，對常人來講，不管你什麼時候提出什麼意見，有50％的人可能提出反對意見，都是一件十分正常的事情。

當你認識到這一點之後，你就可以從另一個角度來看待他人的反對意見了。當別人對你的話提出異議時，你也不會再因此而感到情緒消沉，或者為了贏得他人的贊許

而即刻改變自己的觀點。

相反，你會意識到自己剛巧碰到了屬於與你意見不一致的50％中的一個人。只要認識到你的每一種情感、每一個觀點、每一句話或每一件事，都會遇到反對意見，那麼你就可以擺脫情緒低落的困擾。

當我們做事之前已經預想到某種後果，而一旦出現這種後果時，你就不會出現很大的情緒波動，或者措手不及。因此，如果你知道會有人反對你的意見，你就不會自尋煩惱，同時也就不會再將別人對你的某種觀點或某種情感的否定，視為對你整個人的否定。

無論你的主觀意願如何，反對意見總是在所難免的。你的每一個觀點，都會有與之不同甚至完全對立的意見。關於這一問題，美國總統林肯在白宮的一次談話中曾說過：「……如果要我讀一遍針對我的各種指責……更不用說逐一做出相應的辯解，那我還不如辭職算了。

「我憑藉自己的知識和能力盡力工作，而且將始終不渝。如果事實證明我是正確的，那些反對意見就會不攻自破；如果事實最後證明我是錯的，那麼即使有十個天使

起誓說我是正確的，也將無濟於事。」

當你遇到反對意見時，你可以發展新的思想，提高自我價值（這是你可以採用的最為有效的辦法）。除此之外，為了衝破尋求贊許的心理束縛，你可以嘗試做以下幾件具體的事情：

1. 在答覆反對意見時，以「你」字開頭。例如，你注意到爸爸不同意你的觀點，並且開始生氣了。不要立即改變自己的觀點，也不要為自己辯解，僅僅回答說：「你以為我的觀點不對，所以你有些惱火。」

這樣將有助於你認識到，表示不贊同的是他，而不是你。在任何時候都可以用「你」字開頭的辦法，只要運用得當，就會取得意想不到的效果。在講話時，你一定要克制以「我」字開頭的習慣做法，因為那樣會將自己置於被動辯解的地位，或者會修正自己剛剛說過的話，以求為他人所接受。

2. 如果你認為某個人企圖通過不給予贊許來支配你的思想，不要為了求得他的贊許而含糊其辭、言不由衷，應該直截了當地向他大聲說：「通常我不會改變觀點，你要是不同意，那只有隨你的便了。」或者可以說：「我猜你是想讓我改變我剛才所說

的話。」提出自己的看法這一行動本身，有助於你控制自己的思想和行為。

3.別人如果提出有利於你的意見，儘管你可能不大欣賞，也還是應該表示感謝。表示感謝便消除了任何尋求贊許的因素。例如，你丈夫說妳太害羞，他不喜歡妳這樣。不要因此就努力通過行動而使他滿意，只要謝謝他給妳指出這一問題便足夠了。這樣一來，就不存在尋求贊許的問題了。

4.你可以主動尋求反對意見，同時努力使自己不因此而煩惱。選擇一個肯定會提出不同意見的人，正視他的反對意見，沉著而冷靜地堅持自己的觀點。你將逐漸學會不因反對意見而感到煩惱，並且不輕易改變自己的觀點。

你可以對自己說：早已預料到了這種「對立」，他完全可以有他自己的看法，這與你實在沒有任何關係。通過尋求、而不是回避反對意見，你將逐步掌握有效對付反對意見的各種方法。

5.你可以逐步學會不理睬反對意見，根本不要理會那些企圖通過指責來支配你的人。

要有從善如流的胸襟

　　領導者雖位在眾人之上，但也並非是萬能的，畢竟他一個人的力量是有限的。俗話說得好：「三個臭皮匠，勝過諸葛亮。」那麼就需要領導者集思廣益，以補自己的不足之處，這樣既顯民主又顯得胸懷廣闊。

　　常言道：「人非聖賢，孰能無過。」許多人就拿這句話當作擋箭牌來防衛自己，原諒自己。是呀，連聖賢都會做錯事，何況我們凡人呢？根本不必太苛責自己嘛。

　　但是這裡舉這句話無意替犯錯誤的人開脫。因為，雖然領導者都會犯錯，但錯誤既已是錯誤，原諒不原諒都是其次的問題，最重要的就是如何改錯的問題。錯誤必須找出來，必須改進，必須防止再度發生。至於追究責任，只是懲前毖後，並沒有積極的作用。

　　一個成功的領導者，一定是一個能夠隨時檢討自己、隨時改正錯誤而不是「沒有錯」的領導者。事實上，世界上沒有不發生錯誤的領導者，只有不知錯誤、知錯不改

或知錯改錯的領導者。

一個領導者可能發生錯誤的地方太多了。比如進貨是不是太多，造成滯銷？是不是貨色太偏了，致使縮小了顧客群？是不是服務態度怠慢了，引起了顧客的不滿？是不是商品的陳列太過零亂，以致引不起顧客的消費欲？是不是管理作風惡劣，致使員工工作情緒低落？

錯誤的種類繁多，但是總歸一句話，最大的錯誤莫過於經營失當。

一個領導者最大的錯誤就是剛愎自用。這種人總以為員工是我用錢請來的，我叫他們怎樣他們就該怎樣。把員工的勞力當成商品，可以用錢交換，而不是把員工當成和自己一樣有感情、有眼光、有智慧、有創造力的人。

事實上人不是神，再怎樣偉大的「董事長」都不可能是三頭六臂、全知全能的「超人」。因此不能一眼洞察明日的流行趨向，一眼看透消費者的心理，更不能準確地掌握經營方針。

惟一能夠彌補「董事長」能力之不足的辦法，就是以民主作風，集思廣益，察納雅言。一家公司如何走上軌道，如何遵循既定的經營方針穩定前進而不出軌道？如何

164

在經營發生困難時檢討出錯誤？如何在知道錯誤之後懸崖勒馬、改弦更張？所有經營上的秘訣都在這裡。

當然員工所提的諫言、建議未必都是正確、有用的，但是經營者的風度就表現在對於那些錯誤的、無用的諫言之包容力。如果你不能包容那些錯誤的、甚至有害的發言，那麼那些正確和有用的建議就不會從員工的口中吐出來，最後員工的眼光、智慧、創造力都會被扼殺，而不能對你的經營有絲毫的幫助。

凡事都是相輔相成，好的和壞的都是同時存在的。一個經營者負責整個事業都不能絕對正確，那又怎能以絕對正確要求員工呢？

就像獨裁的政府必然要走向滅亡的道路，獨裁的經營者也必然要走向破產的道路。

民主是社會組織通用的原則，政府需要它，企業更需要它。

如何採納下屬的建議

出主意的人有的是，困難之處在於判斷誰的主意能給我們帶來好處。要解決這個問題就要提取正確的資訊，提出適當的問題，進行正確的分析。

以下要訣將幫助你學會怎樣利用好的建議，排除沒用的建議：

1．不需要就拒絕

如果你不需要別人的建議，你就拒絕他，要態度溫和但語氣堅定。你可以說：「你的建議我將銘記在心，但我這次要按自己的想法辦。」如果你已下定決心，就不要再徵求意見，你的猶豫會使人以為你在尋求幫助。拒絕一定要堅定。如果對方為你擔心，你可以表示後果自負，你可以說：「我已決定了。」

2.不要暗示對方回答你想要的答案

許多人會極力順著你的想法說話。因此，如果你想得到客觀的答案，你就要學會正確的提問。例如，如果你問對方：「我想自己開一家修理電腦的公司，你覺得怎麼樣？」對方只要與你有點交情，或職位比你低，就會附和你的想法。你要想聽一聽真正的意見，就要這樣提出問題：「這個地區開電腦修理公司有沒有前途？」

3.說明你需要何種具體建議

你要說清楚你需要的到底是什麼，這樣雙方都能節省時間。如果你想檢驗自己的想法，或者希望別人支援你的決定，要直接說出來。

4.不要因為表面因素而錯過好的建議

有人拒絕某項建議是因為他曾經聽說過它太理想化、太複雜或者太簡單。這都不能說明這個建議不好。

5 · 問該問的人

如果事情非常重要，你應該努力找一個適當的人選幫你出主意。有的人向身邊的每一個人徵求意見，這種做法不可取。這個要訣很少有人能做到。

6 · 比較不同的意見

很少有人能把一件事的方方面面都考慮周到，即使有這麼一個人，找起來也會費盡周折。你需要的是瞭解情況卻未捲入其中的人，是對事件有興趣卻沒有感情牽扯的人。你可以多問幾個上述類型的人，看他們看問題有何相同和不同。

7 · 評估建議的可靠性

有的人對自己喜歡的人言聽計從，對自己不喜歡的人則相反。然而，對於重大的決策還是評價一下對方建議的可靠性，你可以從以下幾個方面著手：他是否具備足夠的專業知識？他是否瞭解足夠的資訊？他是否知道你真正需要什麼？

8．建議的依據是對方的人生觀和價值觀

只有極少數的建議和對方的人生觀、價值觀無關。例如，你做某項工作的原因是什麼？是升遷的機會？是工資高低？還是其他？這只有你知道。別人提建議，你拿主意。

9．告訴對方你已問過許多人

有的人覺得你徵求了他的意見就得照他說的辦，否則他會覺得沒面子。你不用自己去得罪他，你可以告訴他你已經問過許多人。如果你恰巧沒有採納他的建議，他會認為是別人的建議比他的好。

10．表示感謝

當你向別人致謝時，不要籠統地讚揚，而要點明他的哪個意見對你幫助很大。即使他的建議沒有被採納，你也要向他花費精力提出的建議表示感謝。

發揮團隊的優勢

合作是所有組合式努力的開始。一群人為了達成某一特定目標，而聯合在一起。

李嘉誠把這種合作稱之為「團結努力」。

「團結努力」的過程中最重要的三項因素是：專心、合作、協調。

如果一家法律事務所只擁有一種類型的思想，那麼，它的發展將受到很大限制，即使它擁有十幾名能力高強的人才，也是一樣。錯綜複雜的法律制度，需要各種不同的才能，這不是單獨一個人所能提供的。

因此，只是把人組織起來，並不足以保證一定能獲得企業的成功。一個良好的組織所包含的人才中，每一個人都要能夠提供這個團體其他成員所未擁有的才能。

在所有的商業範圍內，至少需要以下三種人才：採購員、銷售員以及熟悉財務的人員。當這三種人互相協調，並進行合作之後，他們將通過合作的方式，使他們自己獲得個人所無法擁有的力量。

許多企業之所以失敗，主要是因為這些企業擁有的清一色是銷售人才，或是財務人才，或是採購人才。就天性來說，能力最強的銷售人員都是樂觀、熱情的，而一般來說，最有能力的財務人員則理智、深思熟慮而且保守。這兩種人是任何成功企業都不可缺少的。但這兩種人若不能互相發揮影響力，對任何企業都不會發揮太大的作用。

即使你是「大才」，憑藉自己的想像力，也許可以獲得一定的財富。但如果你懂得讓自己的想像力與他人的想像力結合，必然會產生更大的成就。我們每個人的心智都是一個獨立的能量體，而我們的潛意識則是一種磁體，當你去行動時，你的磁力就產生了，並將財富吸引過來。

但如果你一個人的心靈力量與更多「磁力」相同的人結合在一起，就可以形成一個強大的「磁力場」，而這個磁力場的創造力量將會是無與倫比的。

在生活中，大家也許會有這樣的機會：假如你有一個蘋果，我也有一個蘋果，兩人交換的結果每人仍然只有一個蘋果，但是，假如你有一個設想，我有一個設想，兩人交換的結果就可能是各得兩個設想了。

同理，當獨自研究一個問題時，可能思考十次，而這十次思考幾乎都是沿著同一思維模式進行。如果拿到團體中去研究，從他人的發言中，也許一次就完成了自己一人需要十次才能完成的思考，並且他人的想法還會使自己產生新的聯想。

一加一大於二是個富有哲理的不等式，它表明團體的力量並不是個人力量的累加之和。

這種集思廣益的思維方法在當代社會已被普遍應用，它能填補個人頭腦中的知識空隙、通過互相激勵、互相誘發產生連鎖反應，擴大和增多創造性設想。一些歐美財團採用群體思考法提高的方案數量，比單人提出的方案多70％。

可見，一個好的創意的產生與實施，創業者光靠自身的力量和努力是不夠的，必須集思廣益，必須在自己周圍聚攏起一批專家，讓他們各顯其能、各盡其才，充分發揮他們的創造性作用。

如果沒有其他人的協助與合作，任何人都無法取得持久性的成就。當兩個或兩個以上的人聯合起來，並把這種關係建立在和諧與諒解的基礎上，這聯盟中的每一個人的成就能力將因此倍增。

172

這項原則表現得最為明顯的，應該是在老闆與雇員之間保持完美團隊精神的工商企業。在你發現有這種團隊精神的地方，你會發現雙方面都友善，企業自然繁榮。

因為缺乏合作精神而失敗的工商企業，比因為其他綜合原因而失敗的更多。各種各樣的工商企業因為衝突及缺乏合作原則而失敗甚至毀滅。在研究中不難發現，缺乏合作精神一直是各時代人類的一大災禍。為了更好的創業，使之走向成功和輝煌，良好的合作不可或缺。

要全力支持下屬的工作

一個無能的主管，不僅不能對下屬的工作起到推動的作用，而且會妨礙下屬的工作，不用說，在一個企業裡這樣的主管愈多，肯定是效率愈低，這類主管只知道以妨礙別人的工作來顯示自己的權威，來滿足自己的虛榮心，而沒有想到這樣做正是在減少自己的工作業績。你想想，你的下屬不能把工作做好，你的上司會對你滿意嗎？

這種主管做事獨斷專行，他們往往對下屬提出的意見，不顧好壞，只管一味否決。

「我沒聽說過這件事。」

「這件事現在不能提，因為經理正在發脾氣。」

「這件事若要我突然地報告部長，他不會採納的，而且還會責怪我胡亂請示，所以我不敢接納。」

「這筆預算是不會批准的，因為我沒有信心去說服他們。」

這種主管就是這樣，來一個建議就一棒子打死，只有這樣他才會覺得很痛快，他

手中握點權，不用手就癢癢的。

然而下屬的眼睛也都是雪亮的，他們嘴巴多多，三五個到一起，很快就會把一個主管的老底揭穿，恨不得把他扒光衣服放在一個大盤子裡，供大家盡情享用：

「哎呀，我們主任老是獨斷專行。全是我要這樣，我要那樣，到頭來把事情弄得一團糟，還全不聽我們的意見。」

「我們做專案的才可憐呢，時時要看上級的臉色，還總免不了挨批！」

為了避免如此糟的局面，作為主管一定要注意，隔一段時間就要有意識的強制自己反省一陣子。不要只顧胡亂忙，要自我檢討，看是否自己經常妨礙下屬的工作，是否應給他們一些支援和幫助以及精神上的鼓勵。

如果答案是肯定的，就應立即改變立場，趕緊轉妨礙為大力支持，切莫再固執己見，只有如此才能贏得下屬的好看法和信賴，要知道作為一個主管，這些對你可是最重要的，若是眾人背叛了自己，奮鬥多年取得的職位，也有失去的可能。

因為，作為一個主管，妨礙你的下屬，就是妨礙你自己。

空出時間來做重要的事

在現實生活中，有些新管理人工作起來非常繁忙，似乎總有一大堆事情要做，結果是「東一榔頭西一棒」缺乏成效。因此，提高工作效率往往是一名優秀的新管理人必須注意的問題。否則，做事事倍功半，拖泥帶水，怎樣說明你的工作能力強？你的魅力又從何而來？

為了達到有意義的目標和成為有效率的新管理人，我們必須優先把時間用在有意義的活動上，來取代許多無意義的或次要的活動。

糟糕的是，許多人確實試圖延長他們的工作時間，以完成更多的工作。但那是沒有益處的。工作會不斷地擴展，以填滿它能得到的時間。工作不是固體，它像是一種氣體，會自動膨脹，並填滿多餘的空間。

這就是時間管理專家並不鼓勵你為解決時間問題，而延長工作時間的理由。延長工作時間，不僅影響你的家庭和社會生活，還會降低你工作的效率，因為你把晚上當

176

作了白天的延伸。

如果一個計畫到下班時還沒寫完，也許你會聳聳肩對自己說：「我會在晚上把它寫完。」也許你寧願這樣做，也不願利用下班前的那十五分鐘好好地趕完工作；或者你不願意匆忙行事，並將自己置於壓力之下；或者不願意硬塞給別人。總之，不願意在上班時間內，解決尚未完成的工作。

但你若是不管出現什麼困難，都要在規定的時間內完成你的任務，這樣也不好。

因為困難會造成壓力，甚至可能導致精神錯亂、胃潰瘍或心臟病突發。你只能把活動壓縮在這麼多的時間內，就比如氣體雖然能被壓縮，但它受到的壓力愈大，它對容器壁的壓力也就愈大。

這就是產生緊張、精神崩潰甚至更糟的情況出現的原因。人們把愈來愈多的工作塞進同一個時間容器，從而使自己處於極度緊張的壓力之下，直到最後，壓力過大導致容器的爆炸。

你可能會說：「算了吧，我寧願延長工作時間也不願爆炸！」但延長工作時間，只會耽擱必須做的事。如果你有一個較大的時間容器，你就能在裡面塞入更多的活

動，而你也會這樣做。但這是工作狂的本性。而當爆炸最後來臨時，你也是惟一的受害者。

延長工作時間不是辦法。你所做的事情決定你的效率，而且進一步說，甚至還關係著你的健康。

義大利經濟學家和社會學家柏拉圖，在他所創造的柏拉圖原則中指出：在一個群體中，重要的成分通常只占全部成分的一個相對小的比例，所用的實際數字是20％和80％。所以，你的20％的活動，占你所有活動的80％的價值，這就是二八定律。

這個原則令人吃驚的地方，是它似乎對所有的事情都適用。20％的業務員帶來80％的新業務；20％的發明專案，創造了全部發明價值的80％；20％打電話給你的人，占用你80％的打電話時間；你20％的雇員，製造了80％打擾你的事件；你20％的文書工作，帶給你80％重要成果⋯⋯等等。

80％和20％這個數字可能不準確，但這個原則在實踐中肯定是適用的。

如果你能把你的各種活動分類，也許你會發現有20％是非常重要的活動，它給你帶來80％的成果；其餘80％的活動，由重要活動、不重要但需要做的活動、不重要的

活動、和不必要的活動組成。

從理論上講，你可以省去80％的活動，而仍保留80％的成果。那就是：

1. 排除5％至10％的不必要活動

2. 委託他人做一些事。這將為你騰出20％至50％的時間

然後，用這些「空出來的時間」，去完成特別重要的工作，如作計畫和考慮革新項目。

首先，你必須決定打算花多少時間來工作。然後，你必須排除或委派別人去做次要活動，並以特別重要的活動填補空出的時間。特別重要的活動，是指那些能帶來更多的報酬、獲得重要的成果、使你向個人和公司的目標邁進的活動。

第 五 章

生意頭腦與市場控制力

商業的基本精神是追求利潤，企業家的責任在於財富的創造。只要你有能力追求利潤，創造財富，而又不忘記企業的社會責任，企業家的聲望自會如影隨形而來，實在用不著任何人的選拔或吹捧。反之，你經營的企業年年虧損，縱使你醉心於虛名的追求、聲望的提高，到頭來退股倒閉，這些虛名、聲望還不是有如春水東流一去不回嗎？

選擇正確的經營方向

企業領導者進行企業經營戰略的構想，往往是新創辦的企業或對企業進行大規模調整之時的選擇。所以，首先就要確定經營的基本方向，重新審視自己的經營業務，看其是否有廣闊的前景；其次，要界定經營的範圍，確定經營的重點。

以上兩步都走穩了，接下來就要制定總體目標了。這是企業經營戰略的核心部分，所以在制定經營戰略時，一定要考慮到多方面的影響因素，統攬全局。

今日的市場競爭已經演繹為綜合實力和整體素質的較量，演化為系統運籌決策的較量。所以，選擇正確的企業經營方向，已成為企業經營中的「重中之重」，是企業戰略謀劃的第一要務。

面對競爭激烈的市場，企業經營者在企業運行之前必須「成竹在胸」，把握企業的基本目標，確定企業成功的航向。

因此，確定企業的經營方向，有以下幾條原則：

1.企業的經營方向要適合國家長遠規劃和市場需求，避免盲目性，緊跟市場最新動態。

2.搞清楚企業應該在什麼行業經營，經營方向及經營範圍是什麼，服務的對象是誰，應選擇對企業發展和生存最有利的、發展最有前途的行業經營。

3.要找出最能發揮企業特點和優勢的行業，盡可能地開發與本企業的生產工藝、技術水準等相適應的產品，不要輕易離開本企業的長處從事完全陌生的事業。

4.要保持靈敏的商業嗅覺，選擇對企業來說有美好前景的經營方向。

5.尋求多種能和自己的經營範圍起協調作用的經營方向。服務面愈寬，企業的經營就愈容易穩定。同時收集大量有價值的資訊，從中得到啟示。

6.根據市場特點和調查分析得出：歐洲市場喜歡高檔品，顧客注意產品的精緻性；美國市場喜歡款式新，顧客講究產品的新鮮感；東南亞市場偏重產品的功能，追求產品的便利性。企業要根據所面對的市場，認真選擇經營方向。

在明確了企業經營方向之後，企業才能夠遊刃有餘地在複雜的市場環境中，集中全部財力、物力、人力、資訊等各種資源，做出輝煌的業績。

精心料理好你的核心生意

要想成為一名成功的企業家，最大困難之一就是要弄明白什麼才是你的核心生意。這要經過充分的論證，以便在你努力發展公司，並向更有利可圖的領域進軍的時候，避免忽視你的核心生意。

有無數的企業家，由於沒有搞清楚到底什麼才是他們的核心生意，從而對那些表面上是他們核心生意的一部分領域，總是不細加調查就盲目進行投資和市場擴張，結果常常無功而返，浪費了大量的人力、物力和財力。因為有些生意，從表面上看，好像是你們的核心生意，但是實際上，這些生意根本不像你們所想像的那麼簡單。

在絕大多數情況下，如果你想使自己的注意力始終集中在核心生意上，最簡單的方法就是，你要經常提醒自己和員工，什麼才是你們的核心生意。但是，要判斷什麼是你公司的核心生意，並不是一件很容易的事。

有一位專門承攬縱橫填字遊戲出版物的印刷企業家，他由印刷業起家並且取得了

成功，他開始決定買斷所有縱橫填字遊戲雜誌。

別人認為他這樣做一定是病了：印雜誌是一碼事，而出版發行雜誌則是另一碼事。因為從事出版發行業，需要承受由此所帶來的全部編輯工作和市場開發的挑戰。

他正在偏離他的核心生意。

但是，在如何判斷什麼才是他的核心生意這個問題上，別人錯了。這位企業家事先曾經對他的公司做過認真的分析，發現公司面臨的主要問題是：他所有的兩家印刷廠雖然是盈利的，但是，其生產能力只發揮了50%。

在印刷行業，這可能導致毀滅性的後果。如果想要這些印刷機不停地運轉起來，最理想的狀態是，讓工廠一天分3班24小時地連續運作起來。

他解決問題的辦法是：由於他不能使更多的雜誌社變成他的客戶，他決定把那些是其他印刷商客戶的雜誌買下來，從而把它們變成自己的客戶。他認為，他的核心生意不能簡單地歸納為印刷本身，而應該確定為一天印刷24小時。

買下這些雜誌是保住他的核心生意的一個很聰明的辦法，雖然有風險。但事實證明，這樣做的風險是最小的。他買下的雜誌也經營得很好，前途光明。由於內部印刷

成本較低，這些雜誌社的運營效率和盈利都比以前有了很大的提高。

把注意力放在核心生意上是一件非常好的事情。你們公司愈發展，你就會愈來愈深刻地理解到這一點。只要你把注意力集中在核心生意上，你就可以逐漸獲得一種很強的洞察力，這將會幫助你不斷拓展公司的業務，並會給你一個更加廣闊的自由發展的空間。

適時的反省很重要

自省即自我省悟，自我檢查，自我解剖。自省是一面鏡子，可以照出自身的缺陷和毛病。自省的過程，又是不斷克服錯誤、更新提高自我的過程。「白日所為，夜來省己，是惡當驚，是善當喜。」「每事責己，則己德日進。以之處人，無往而不順。」

孔子說：「一日三省吾身。」

每個經理人都應當經常結合自己的思想、工作和生活的實際，經常反省自己的言行是否符合社會整體利益和廣大員工的要求，自知自明，勇於自我解剖，敢於揭露和坦承自己的短處，就能逐步錘鍊出完美的人格。

無論做什麼工作，做起來不順利或失敗了，一定都有它的原因。遇到阻礙的時候就立刻研究發生原因，是避免舊錯重犯的必備條件。

人們在對事物進行歸因時，通常是按照以下模式進行的：1.行為者傾向於情境歸因，觀察者傾向於內部歸因；2.把積極的結果歸因於自己，把消極的結果歸因於情

境。這時，就必須要留意人性的弱點。比方說：「因為發生這種情況才沒有成功，不

關我的事」、「因為發生意外才失敗，我也沒有辦法」等。為自己找藉口、自我安慰

的人很多。

然而在作戰的時候，如果戰事失敗了，你解釋說：「因為那時剛好下了一陣雨才

輸了」、「太陽剛好照射在臉上，我們睜不開眼睛，才會打敗仗」等，這能成為理由

嗎？的確，這些原因都可能成為決定勝負的因素。但是，名將是不會講這種話的。

因為是名將，在開戰前，就會先計畫好：遇到下雨時該怎麼辦？過了正午太陽會

照向這邊，對我們不利，所以無論如何要在正午前決勝負……這樣才能每戰必勝，更

沒有必要為自己找台階下了。雖然說「勝負靠運氣」，但看上面的例子，輸的還是該

輸，贏的還是該贏的。

有些企業遇到空前的不景氣，沒有不飽嘗艱苦的。可是企業一旦把業績不振的

原因，推說是「因為不景氣」，而不知反省、檢討的話，那它離成功就愈來愈遠了。

不景氣雖然不是自己造成的，可是在景氣好的時候，你有沒有做「居安思危」的準

備呢？

如果有，那企業即便遇到不景氣，業績也不會惡化到不可收拾的地步。事實上，在這種不景氣的情況下，保持業績繼續成長，獲得輝煌成就的仍大有人在。

總而言之，把失敗的原因統統歸給他人，想辦法找理由來自我安慰是人之常情。

可是作為一名職業經理人，這是極不可取的。要想成為一名優秀的經理人，正是要突破這一心理瓶頸，勇敢、主動、客觀地反省自身情緒、思維及能力，準確評估組織及客觀世界，勇於打破舊的格局，創建新的發展要素。

正如狄更斯所言，不論我們多麼盲目和懷有多深的偏見，只要我們有勇氣選擇，我們就有徹底改變自己的力量。

聯想是一個很善於自省的企業，無論在順境還是逆境中，無論是柳傳志，還是楊元慶都發表過很多非常清醒的、深刻的、真誠的自省之語，且屢有壯士斷腕之舉。當年，聯想投資 FM365，趕上互聯網低潮，剛剛損失一千萬，便及早抽身，這需要多大勇氣？

柳傳志曾有句名言：「踏上一步，踩實了，再踏上一步，再踩實，當確認腳下是堅實的黃土地以後，撒腿就跑！」這是說聯想的謹慎，但對於聯想勇於自省的勇氣，

其實也可以這麼理解：「踏上一步，沒踩實，再踏上一步，沒踩實，當確認腳下不是堅實的黃土地以後，撒腿就跑！」

在一九九七年，美特斯邦威開發外部市場氣勢如虹的時候，內部人事問題卻愈來愈大，最後管理層幾乎全部出走，只剩周成建一個光桿司令，任何人面對左膀右臂的集體叛離，都會靜下來痛定思痛。周成建也不例外，更何況他還是個很善於自省和反思的人。

在經過那次差點令周成建和他的美特斯邦威崩潰的人事動盪後，他由當初「職業經理人不適合我的要求」的認識，逐漸轉變為「我沒有做好決策者或者老闆的角色，來與職業經理人創造默契的合作方式」。

張朝陽是搜狐最大的主人，他持有在美國納斯達克上市的 SOHU 股份的 28.13％，以及持有中國 ICP 牌照的北京搜狐80％的股份。他對自己的總結是：「我是一個自省傾向比較嚴重的人，就是比較善於批評自己，就是不太把自己當回事，因為這樣的原因，使得我們不會故步自封，聽不進別人的建議。」

通用電氣新 CEO 伊梅爾特，總是面帶微笑，因為他推崇「溝通為王」。但是，他的領導之道卻是「擅長反省」，伊梅爾特認為：「領導力實質上是一種自我反省。在其中，你不斷反省，不斷重新認識自己，並將經歷融入到你的領導風格之中。」

立即止住走不通的路

毫無疑問，不管你是一個什麼樣的人，在工作中總會碰到許多走不通的路，在這個時候，你應當換個角度考慮問題，重新操作。成大事者的習慣是：如果這條路不適合自己，就立即改變方式，重新選擇另外一條路。

我們形容頑固不化的人，常說他是「一頭撞倒南牆」。這些人有可能一開始方向就是錯誤的，他們註定不會成大事。還有一種可能是當初他們的方向是正確的，但後來環境發生了變化，他們不適時調整方向，結果只能失敗。

杜邦家族就懂得這個道理，他們懂得隨機應變。「我們必須適時改變公司的生產內容和方式，必要的時候要捨得付出大的代價以求創新。只有如此，才能保證我們杜邦永遠以一種嶄新的面貌來參與日益激烈的市場競爭。」這是一位杜邦權威對他的家族和整個杜邦公司的訓誡。

事實正是如此，世界上很少有幾家公司能在為了創新求變而開展的研究工作上，

比杜邦花費更多的資金。每天，在威爾明頓附近的杜邦實驗研究中心，忙碌的景象猶如一個蜂窩，數以千計的科學家和助手們總是在忙於為杜邦研製成本更低廉的新產品。

數以千萬計的美元終於換來了層出不窮的發明，而且還產生了使市場發生大變革的防潮玻璃紙，以及塑膠新時代的象徵——甲基丙烯酸，也正是在這裡研製成了使杜邦賺錢最多的產品——尼龍。

一九三五年，杜邦公司以高薪將哈佛大學化學師華萊士·C·卡羅瑟斯博士聘入杜邦。此時卡羅瑟斯已研製了一種人造纖維，它具有堅韌、牢固、有彈性、防水及耐高溫等特性。卡羅瑟斯走進杜邦經理室時說：「我給你製成人造合成纖維啦。」

杜邦的總裁拉摩特祝賀卡羅瑟斯博士取得成功的同時，微笑著說：「杜邦永遠都需要像博士這樣善於創新的人。繼續努力吧，博士，我們需要更能賺錢的產品。」於是，卡羅瑟斯用了杜邦2千7百萬美元的資本，用了他自己9年的心血，研製出了更能適應杜邦商業需要的新產品——尼龍。世界博覽會上，杜邦公司尼龍襪初次露面就立刻引起了巨大的轟動。

一個真正的企業家不僅要有經營管理的才能，更需要有一種商業預見能力。正如杜邦第六任總裁皮埃爾所言：「如果看不到腳尖以前的東西，下一步就該摔跤了。」

的確，在日趨激烈的商業競爭中，如果沒有一定的眼光，不能做出比較切合實際的預見，那企業是很難發展下去的。

第一次世界大戰使杜邦很快地撈了一大筆，然而，杜邦並沒有被暫時的超額利潤所迷惑。早在大戰初期，皮埃爾就已意識到天下沒有不散的筵席，戰神阿瑞斯總有一天要收兵，不再撒下「黃金之雨」。

於是他開始使公司的經營多樣化，一方面他緊盯著金融界，一心要打入新的市場，開闢新領域；另一方面他必須為杜邦公司開闢一塊有著扎實根基的新領域。幾經斟酌，皮埃爾選定了化學工業作為杜邦新的發展方向，他要將杜邦變成一個史無前例的龐大化學帝國。

「我們不能在求變創新的同時把企業引向死路，我們的創新變革必須有相當的依據。」皮埃爾如此說，事實上他的選擇也正印證了這一點。

杜邦之所以將軍火生產轉向了化學工業，一則因為化學工業與軍火生產關係密

切，轉產容易，不必做出重大的放棄行為，而且將來一旦烽火再起，返回生產軍火也很方便，不需太大變動；二則其他行業大多被各財團瓜分完畢，唯有化學工業比較薄弱，且潛力極大。

事實上，杜邦家族第二代50年經營化工用品而發跡的家族史，就證明了這一轉變是極為成功的。

也許是杜邦家族財大氣粗的緣故吧，杜邦公司求變創新的主要途徑便是不惜重金，但求購得。杜邦不僅要買新產品的生產方法，還要買新產品的專利權，甚至連新產品的發明者也一併買回為杜邦效力。

一九二〇年杜邦與法國人簽訂了第一項協定，以60％的投資額與法國最大的粘膠人造絲製造商——人造紡織品商行合辦杜邦纖維絲公司，並在北美購得專利權。在法國技術人員的指導下，杜邦家族在紐約建立了第一家人造絲廠。

人造絲的出現，引起了從發明軋棉機以來紡織工業的最大一次革命，導致了一九二四年以後棉織業的衰落。杜邦公司又趕緊買進法國人的全部產權，以微小的代價，購得了美國國家資源委員會，在一九三七年列為二十世紀六大突出技術成就中的一

項，與電話、汽車、飛機、電影和無線電事業居於同等重要的地位。

接著，杜邦公司如法炮製，將玻璃紙、攝影膠捲、合成氨的產權買回美國，一個真正的化學帝國建立起來了。

當第二次世界大戰的烏雲在歐洲雲集的時候，杜邦公司的一次「以變求發展」，大轉換速度之快足以令人望而卻步。一年之間，杜邦公司召集了三百個火藥專家，將龐大的化學帝國變成了世界上最大的軍火工業基地。

杜邦在生產內容和方式上的創新及前面講過的形象改變，是杜邦家族命運得以保持輝煌的關鍵，否則，他們一家早在人們的罵聲中敗落了。

切忌盲目競爭

一個不敢參與競爭的管理人，是無論如何也辦不好公司的，這個道理，不用多討論。關鍵是下面一個問題，公司如何競爭？如何在市場競爭中保持不敗？這是個大問題。正確的觀點是：要想不敗，必須要摸清時勢，即市場行情，從而找到怎樣競爭的突破口；否則任何方式的競爭都是盲目的。

怎樣在老市場中打開一條新的缺口呢？即如何脫胎換骨呢？這是公司老闆考慮的第一個問題。一般講，一個公司發展到一定程度，就會有一定的市場份額，自然就存在進一步重新擴大自己競爭實力的問題。只有解決好老市場，才能開拓好新市場，否則許多問題就會理不順。

瑞典有家號稱「填空檔」的公司，其經營方針就是所謂的「人無我有，人有我專」。該公司專門經營市場上的空檔商品，只做獨家生意。例如，一九八四年，瑞典的童帽市場上，硬帽多，軟帽少，這年氣候又偏冷，可保護耳朵的軟帽一時告緊，而

這家公司奇跡般地將近五十萬頂軟帽投放市場，結果一搶而空，公司大賺了一筆。

該公司的市場行情情報十分準確，市場預測很少失誤，一旦發現空檔，立即組織貨源，及時介入，等到其他投資者也紛至杳來時，該公司又轉向其他空檔了。所以，它從來沒有與其他公司正面交鋒過。

瑞典的這家公司當然是一個打游擊、填空檔的特殊例子，但它的經營方針卻能說明一個有普遍意義的道理，即花無百日紅，任何市場都不可能長盛不衰，一個成功的老闆，應當隨時準備轉向。

當然，本來是一個駕輕就熟的市場，人們多多少少會有戀戰的心理。很多商家吃虧就吃在這一點。藉著勢順，大量投入，大批進貨，不思進退，一旦市場崩潰，庫存堆積如山，原想趁勢多賺一點，到頭來，還得把過去賺的利潤賠進去。可見，生意能做十分，做七八分即可，切不可做滿。

什麼時候該考慮轉向？應當從市場的症狀來看問題。一般來說，如果價格競爭十分激烈，平均利潤明顯下降，市場需求明顯衰退，大家都感到生意一年比一年難做，就意味著市場已經飽和，應當考慮轉向了。如果此時又出現了新的更好的替代產品，

那麼，轉向問題就迫在眉睫了。

是否轉向，什麼時候轉向，對不同實力的商家，情況是很不一樣的。如果經營實力和競爭實力十分雄厚，在市場上本來就能左右局勢，那麼，比較正確的策略是，趁競爭對手徘徊猶豫之際，展開強有力的競爭攻勢，促使競爭對手痛下轉向的決心，迫使其離開市場，乘機奪取他們原來的客戶。

這樣，尚可在原來的市場上支持一段時間，以收取剩餘「果實」。情況較好時，競爭對手離開後的市場，還會出現較大的反彈，以回報堅守「陣地」的商家。但既然市場衰敗已成定局，那麼，你仍然得考慮適時地撤退。

如果商家的經營實力和競爭實力都是中等水準，則可運用這樣的策略：縮短戰線，集中精力經營少數幾個品種，以形成拳頭。這樣，還可維持一段時間，同時，將部分資金轉向新的市場，以形成過渡態勢。如果市場繼續惡化，則迅速撤出全部經營資源，完全離開老市場，進入新市場。

如果經營實力和競爭實力較弱，在市場上本來就沒有多大份額，也沒有獨特的優勢，那麼，此時應毫不猶豫地放棄老市場，而且是愈快愈好。盡早退去，尚可順利地

收回投資，將庫存變成現金。稍有猶豫，就極有可能成為市場衰退的犧牲品。

在一個衰退的市場上，無論實力如何，都應當將回收資金當作頭等重要的大事。

在市場全盛時期，擴大投資和進貨，是市場擴張和增加利潤的有力手段，而在市場衰退時，如何緊縮進貨，回收投資，則是從容退出的有力手段。

任何一個市場在生命的末期，必定會留下一大堆積壓貨物，不是張三積壓，就是李四積壓。要減輕最終的積壓，就應當通過削價清倉等特殊手段，使資金逐步增加，存貨逐步減少。

發現隱含的玄機

世界上許多事物都會隱含著一些決定未來的玄機，經營也是如此。在經營實踐之始，如果能對市場走向保持一種悟性，培養一種靈動的觸覺，就可以更好地解析市場。這悟性和觸覺實際上也是一種必要的素質準備。

社會上的任何一種潮流或者趨勢，都是一些過去很細微的因素積累而成的。例如今日電腦的應用就不是一朝一夕、一夜間才爆發的革命。我們所見到的一些現象往往是未來的一個大趨勢。

人們若能確切地預測到未來，就能有方法去按照未來市場的需求，做好思想準備和物資準備，等待時機成熟，就能抓住機遇，成功地闖入商海，揚帆遠航。

由於人們的思想觀念不同，對未來和現在的觀察也有所不同。有些人憑著其過往的經驗，對事物有細緻入微的洞悉；而有些人則對未來完全是茫然的，他們經常會對商機視而不見，不知不覺錯失了很多機會。所以形成一些公司能持久把握市場優勢，

而大部分公司被川流不息、變動不止的潮流淘汰。因此，培養自己的市場觸覺，掌握先機，就能在商場中獲勝。

一般來說，市場預測必須配合公司內現有的情況。生意人必須要從未來市場的角度，來觀察公司內的現有資源，才能在其間尋求達成目標的方案。

公司能因環境而設定目標，是生意人本身必須具有的先見之明。若生意人固執守舊，沉湎於過去的成績，那就沒有發展前途，沒有遠大的未來。做生意應以企業環境為導向，因為外部環境的改變，一定會使其受到影響。

變化也表示了機會，若生意人能掌握此變化的機會，就可能是成功的契機；若漠視了變化，公司就會失去靈活性，喪失商機，以致在新時代中被逐漸淘汰。

公司若要仔細捕捉市場變化契機，應先盡可能充分地搜集市場資料，並作為市場預測之用，要建立好一個公司的銷售預測，一個完整的資訊來源，對資料的分析是很重要的，有了這一努力，才算在經商中初步地沾了一些商海的泡沫。

你可能拿著已經過期的資料來預測市場，然而你必須重新來，要在日新月異的商海弄潮，你的資料必須最新，甚至要走在市場之前。假如你計畫開發的產品已在市場

上成為趨勢，那就根本無須搜集資料，因為已經遲了一步。

搜集回來的資料，只是一些現象和資料，如不加以分析，就是一堆沒有用的東西。生意人面對細微的事物所帶來的微小轉變，不要嫌它細小而掉以輕心，當轉變成了大趨勢，企業就可能失去機會。

所以企業家應客觀冷靜地去感受資訊的影響力。書本雖可以教人做事，但做生意必須因時、因地、因事制宜，將理論知識和市場的現實情況結合起來，才能正確做判斷和分析。

如果你發覺有幾項生意很有潛力，就要在預測未來以後，考查一下自己的現有資源是否足以應付趨勢帶來的機會？現時的人力物力是否足以應付新計畫？現時企業的科技水準是否足以滿足市場新需求？發展計畫所需的資金要多少？

若資金不足，有沒有辦法向外舉債而獲取資金？公司做市場預測之時，即使找到不錯的賺錢門徑，但本身的實力如果不足以完成計畫，公司就沒有把握適應未來的方案並加以實施。所以，考核自己的實力，應從各個方面進行考查並做好準備，使自己的計畫成為可行性方案。

對市場未來趨勢的預測，有賴於自身的經驗和判斷力，或多或少總會帶有風險，而有效的資訊情報可將風險降至最低。自以為懂而盲目樂觀，一廂情願地以為某行業大有可為，而不加以研究分析，或不顧自己實力去做，就真正會有風險。

也就是說，在預測市場之前，首先要備有完善的、充分的、準確的資料，在此基礎上留心細辨，抓住其中隱含的有潛力的資訊，確定自己的經營專案和經營方向，進而確定服務形式或產品；然後就要量力而行，根據自身的能力──包括技術水準、資金儲備、人力等因素來綜合加以抉擇。

風險並不可怕，任何時候都不是沒有風險，等著天上掉下餡餅來是傻瓜的行為。

有了一半以上的把握，那風險就值得冒一下。對商機的把握，也就是看一個老闆的悟性。

制定商業計畫要擊中目標

對初創的企業來說，商業計畫的作用尤為重要，一個醞釀中的項目，往往很模糊，通過制定商業計畫，把正反理由都書寫下來，然後再逐條推敲，這樣領導者就能對這一專案有更清晰的認識。可以這樣說，商業計畫首先是把計畫中要創立的企業推銷給領導者自己。

商業計畫還能幫助將計畫中的企業推銷給投資家，公司商業計畫的主要目的之一就是為了籌集資金。

那些既不能給投資者以充分的資訊，也不能使投資者激動起來的商業計畫，其最終結果只能是被扔進垃圾筒。為了確保商業計畫能「擊中目標」，領導者應做到以下幾點：

1．指出所處的融資階段

你的公司是處於創立期還是成長期，抑或是準備公開上市尋找戰略合作夥伴，還是準備近期併購或出售？

貸款或投資，你選擇哪一種？貸款人和投資人看報告的角度將有天壤之別，貸款人最關心「你有償還能力嗎」，而投資人則更關注「你能走多遠」。某些資訊對貸款人和投資人來說作用相同。這些資訊將在商業計畫的開端進行闡述。

2．進行扎實的市場調查

這應是你或第三方所做的調查，它支援你的判斷，你的產品服務確實有市場、有顧客。這將形成支持你預期計畫中的價格點和假設的中流砥柱，以此向投資人或貸款人表明你的公司能獲得巨額利潤。

商業計畫要給投資人提供企業對目標市場的深入分析和理解。要細緻分析經濟、地理、職業以及心理等因素，對消費選擇購買本企業產品這一行為的影響，以及各個

因素所起的作用。

3‧敢於利用優勢競爭

在商業計畫中，領導者應細緻分析競爭對手的情況。競爭對手都是誰？他們的產品是如何工作的？競爭對手的產品與本企業的產品相比，有哪些相同點和不同點？競爭對手所採用的行銷策略是什麼？

要明確每個競爭者的銷售額、毛利潤、收入以及市場份額，然後再討論本企業對於每個競爭者所具有的競爭優勢。要向投資者展示，顧客偏愛本企業的原因是本企業的產品品質好、送貨迅速、定位適中、價格合適等等。

商業計畫要使它的讀者相信，本企業不僅是行業中的有力競爭者，而且將來還會是確定行業標準的領先者。在計畫中，領導者還應闡明競爭者給本企業帶來的風險，以及本企業所採取的對策。

4・表明行動發展的方針

企業的行動進度應該是無懈可擊的。商業計畫中應該明確下列問題：企業如何把產品推向市場？如何設計生產線，如何組裝產品？企業生產需要哪些原料？企業擁有哪些生產資源，還需要什麼生產資源？生產和設備的成本是多少？企業是買設備還是租設備？同時還要解釋與產品組裝、儲存以及發送有關的固定成本和變動成本的情況。

商業計畫中還應包括一個主要的行銷計畫，計畫中應列出本企業打算開展廣告、促銷以及公共關係活動的地區，明確每一項活動的預算和收益。商業計畫中還應簡述一下企業的銷售戰略：企業是使用外面的銷售人員還是使用內部職員？企業是使用轉賣商、分銷商還是特許商？企業將提供何種類型的銷售培訓？此外，還應特別關注一下銷售中的細節問題。

5．展示一支強有力的團隊

好的管理是十分重要的。投資人希望看到你瞭解你的市場，並具有成功的能力。

你是一個人孤軍奮戰，還是有其他人同你並肩作戰？如果是一個人，你是否打算保持這種方式？你的管理隊伍將出哪些人構成？

把一個思想轉化為一個成功的企業，其關鍵的因素就是要有一支強有力的管理隊伍。這支隊伍的成員必須有較高的專業技術知識、管理才能和多年工作經驗，要給投資者這樣一種感覺：「看，這支隊伍裡都有誰！如果這個公司是一支足球隊的話，他們就會一直殺入世界盃決賽！」領導者的職能就是計畫、組織、控制和指導公司實現目標。

在商業計畫中，首先應描述一下整個管理隊伍及其職責，然後再分別介紹每位管理人員的特殊才能、特點和造詣，細緻描述每個管理者將對公司所做的貢獻。商業計畫中還應明確管理目標以及組織機構圖。

介紹他們將在事業的成功中所扮演的重要角色。如果你的管理才能或你的管理隊

伍還不夠強大，那麼要想獲得投資並成功地創新業，你必須加強管理隊伍。

6・爭取專業人士的幫助

聽取「好」的建議，忘掉「壞」的勸告。仔細尋找和選擇能幫助你的專業人士。

在你需要請教他們之前，預先完成你自己的任務，以避免時間的拖延。為了日後的榮譽，這些法律、金融、稅收、銷售等方面的專家，可能樂於給你的公司提建議，或者一旦你付錢給他們，他們也能充當你的顧問。

一個有的放矢的商業計畫，會牢牢吸引住投資者，使初創的企業迅速發展、壯大起來。

抓住大客戶的九大戰略

無論企業從事何種產品的市場行銷，如果將企業的顧客按照銷售量的大小進行排名，然後按企業顧客總數的20％這一數額，將排名最靠前的這些顧客的銷售量累計起來，將會發現這個累計值占企業銷售總量的比例有多大，可能是60％？70％？甚至80％以上？

也就是說，企業大部分的銷售量來自於一小部分顧客，而這部分顧客就是所謂企業的大客戶。這些客戶可能是企業在某個地區的總代理，可能是某個市場部的核心顧客，也可能是一個大型的工業企業。

從嚴格意義上講，產銷矛盾是不可避免的。經銷商（中間商）是一個獨立的經濟實體，因而有他自己的經營政策和經營方法。一方面，經銷商首先考慮的是顧客的需求及本企業的經濟利益，經銷商在產品的銷售上，比較重視的是產品是否能滿足各類顧客的需求，以獲得更大的商業利潤；另一方面，生產企業則需要經銷商的支援，才

能保證銷售管道的暢通，最終實現所生產的產品既快又多地到達消費者手中，獲得相應的企業利潤。

生產企業要與客戶結成長期的合作夥伴，就要不斷地協調兩者之間的關係。一方面，要弄清客戶的需求，諸如對收到產品時間的長短有何要求，對交貨批量、批次、週期和價格有何期望，客戶是否希望企業代培推銷員和進行市場調查等等；另一方面，要瞭解自己滿足客戶的需求程度，根據實際可能，將兩者的需求結合起來，建立一個有計畫的、垂直的聯合銷售系統。

在生產企業處理與經銷商的關係時，那些銷售量在某個地區甚至在整個企業的銷售系統中，都占有很大比例的大顧客與生產企業的關係如何，有時甚至就決定了生產企業在這個地區的市場前景和市場占有率的高低。一個大客戶的失去，有時能使一個企業元氣大傷，尤其對一些中小型企業更是如此。

現實生活中，雖然許多企業對於這些大客戶非常重視，並且在處理與這些大客戶的關係時，經常是企業的高層主管親自出面，但是往往缺乏系統性、規範化管理。在國外，許多大型企業，為了更好地處理好與大客戶之間的關係，往往是建立一個全國

性大客戶管理部。譬如，像施樂公司這樣的大企業，他們有250個大客戶，與這250個大客戶之間的業務就是由大客戶管理部來處理的，其他顧客的工作，則由一般的銷售隊伍來做。

是否建立大客戶管理部要視企業的規模而定，對於規模小一點的企業，顧客數量較少，大客戶則更少，對大客戶的工作，就需要企業主管人員親自來負責；如果企業的大客戶有20個以上，那麼建立大客戶管理部就很有必要了。

建立大客戶管理部，並從以下九個方面做好對大客戶的工作，是抓住大客戶的有效手段：

1・優先滿足大客戶

大客戶的銷售量較大，優先滿足大客戶對產品的數量及系列化的要求，是大客戶管理部的首要任務。尤其是在銷售上存在淡旺季的產品，大客戶管理部要隨時瞭解大客戶的銷售與庫存情況，及時與大客戶就市場發展趨勢、合理的庫存量及顧客在銷售旺季的需貨量進行商討，在銷售旺季到來之前，協調好生產及運輸等部門，保證大客

戶在旺季的貨源需求，避免出現因貨物斷檔導致顧客不滿的情況。

2．調動大客戶中一切與銷售相關的因素

許多行銷人員往往有一個錯誤觀念，那就是只要處理好與客戶的中上層主管的關係，就意味著處理好了與客戶的關係，產品銷售就暢通無阻了，而忽略了對客戶的基層營業員、業務員的工作。

客戶中的中上層主管掌握著產品的進貨與否、貨款的支付等大權，處理好與他們的關係固然重要，但產品是否能夠銷售到消費者手中，卻與基層的工作人員如營業員、業務員、倉庫保管員等有著更直接的關係。

特別是對一些技術性較強、使用複雜的大件商品，大客戶管理部更要及時組織對客戶的基層人員的產品培訓工作，或督促、監督行銷人員加強這方面的工作。經常可以看到，在某些客戶單位中遇到的問題，並不是來自於客戶單位的高層或中層，而是來自於基層，因此充分調動起客戶中的一切與銷售相關的因素，是提高大客戶銷售量的一個重要因素。

3・首先在大客戶之間推行新產品的試銷

大客戶在對一個產品有了良好的銷售業績之後，在它所在的地區對該產品的銷售也就有了較強的商業影響力。新產品在大客戶之間的試銷，對於收集客戶及消費者對新產品的意見和建議，具有較強的代表性和良好的時效性，便於生產企業及時做出決策。

在新產品試銷之前，大客戶管理部應提前做好與大客戶的前期協調與準備工作，以保證新產品的試銷能夠在大客戶之間順利進行。

4・關注大客戶的一切公關及促銷活動

大客戶作為生產企業市場行銷的重要一環，企業對大客戶的一舉一動都應該給予密切關注，利用一切機會加強與大客戶之間的感情交流。譬如，大客戶的開業周年慶典、大客戶獲得特別榮譽、大客戶的重大商業舉措等，大客戶管理部都應該隨時掌握資訊並報請上級主管，及時給予支持或協助。

5．要有計畫地拜訪大客戶

一個有著良好行銷業績的公司的行銷主管，每年大約有三分之一的時間是在拜訪顧客中渡過的，而大客戶正是他們拜訪的主要對象。大客戶管理部的一個重要任務，就是為行銷主管提供準確的資訊，協助安排合理的日程，以使行銷主管有目的、有計畫地拜訪大客戶。

6．和每個大客戶一起設計促銷方案

每個顧客都有不同的情況，如區域的不同、經營策略的差別、銷售專業化的程度等。為了使每一個大客戶的銷售業績都能夠得到穩步的提高，大客戶管理部應該協調行銷人員、市場行銷策劃部門，根據不同情況與大客戶共同設計促銷方案，使大客戶感受到他是被高度重視的。

7・經常徵求大客戶意見，調整行銷人員

市場行銷人員是企業的代表，市場行銷人員工作的好壞，是決定企業與顧客關係的一個至關重要的因素。由於市場行銷人員的文化水準、生活閱歷、性格特性、自我管理能力等方面的差別，也決定了市場行銷人員素質的不同。

大客戶管理部對負責處理與大客戶之間業務的市場行銷人員的工作，不僅要協助，而且要監督與考核，對於工作不力的人員要據實向上級主管反映，以便人事部門及時安排合適的人選。

8・對大客戶制定適當的獎勵政策

生產企業對大客戶採取適當的激勵措施，如各種折扣、合作促銷讓利、銷售競賽、返利等，可以有效地刺激客戶的銷售積極性和主動性，對大客戶的作用尤其明顯。中國的一汽集團就曾經拿出40輛「小紅旗」、「都市高爾夫」、「捷達」轎車、「解放」麵包車及40萬元現款（合計6百萬元）重獎行銷大戶及先進個人。大客戶管理部

應負責對這些激勵政策的落實。

9‧保證與大客戶之間資訊及時、準確的傳遞

大客戶的銷售狀況事實上就是市場行銷的「晴雨表」，大客戶管理部很重要的一項工作，就是對大客戶的有關銷售資料進行及時、準確地統計、匯總、分析，並上報上級主管，通報給生產、產品開發與研究、運輸、市場行銷策劃等部門，以便針對市場變化及時進行調整。這是企業以市場行銷為導向的一個重要前提。

大客戶管理是一項涉及到生產企業的許多部門、要求非常細緻的工作，大客戶管理部要與自己的組織結構中的許多部門取得聯繫（如銷售人員、運輸部門、產品開發與研究部門、產品製造部門等），協調他們的工作，滿足顧客及消費者的需要。

大客戶管理工作的成功與否，對整個企業的行銷業績具有決定性的作用。大客戶管理部只有調動起企業的一切積極因素，深入細緻地做好各項工作，牢牢地抓住大客戶，才能以點帶面，使企業行銷主管道始終保持良好的戰鬥力和對競爭對手的頑強抵禦力。

尊重你的市場對手

對手是什麼？

如果說，你是一匹賽馬，那麼對手就是逐鹿場上的另一些賽馬。

有時，一個產品的開發，一個市場的拓展，正是由於對手的存在才得以實現的。

對手之間的公平競爭和精彩對決，創造出令人目不暇接的商業神話，才使整個商業世界熱鬧非凡，充滿生機。

因此，在某種意義上，永遠不要試著去消滅你的對手，有時候更要樂於看到對手的強盛。

對一個產業和企業家而言，最具危機的，不是看到對手的日益強盛，而是目睹對手的衰落——在很大程度上，這預示著一個產業正走向夕陽，或市場競爭方式的老化。

對手又是什麼？

如果說，你是一對拳擊手套的這一隻，那麼對手就是另一隻。

因此，一個相稱的對手的選擇過程，就是一個產品的市場定位過程。

在百事可樂最初的七十年裡，它一直是一種地方性的飲料品牌，直到二十一世紀初，它找準了一個對手——老牌的可口可樂，並相應制定出「年輕一代」的品牌策略。一個新的時代開始了。

於是這對偉大的對手，從彼此的身上尋找到了靈感和衝動，並造就了一場偉大的競爭。正如後來的經濟學家所評論的：「百事可樂最大的成功是找到了一個成功的對手。」

對手還是什麼？

如果說，你是一枚硬幣的這面，那麼對手就是硬幣的另一面。

因此，尊重你的對手，尊重彼此之間的遊戲規則，就是尊重你自己。

在二十世紀七〇年代的美國新聞界，《華盛頓郵報》和《華盛頓明星新聞報》是一對競爭最激烈的死對頭。

一九七二年，水門事件最初被《郵報》披露。為了以示懲罰和恐嚇，總統尼克森表示只接受《新聞報》獨家採訪，而把《郵報》記者趕出了白宮。

就在這時，《新聞報》卻發表了一個大大出乎白宮意料之外的社論：它不會作為白宮洩憤的工具來反對自己的競爭者，如果《郵報》記者不能進入白宮，他們也將停止採訪。

這樣的對手，這樣的競爭，二十年後說起來還不禁讓人悠然神往，肅然起敬。

好朋友難找，而好對手似乎更難尋。

尊重你的對手──如果是一個好的對手，你更要珍惜他，甚至熱愛他。

然而，在當今的市場上，卻很難找到堪稱楷模的對手，相反，在競爭中給對手出難題、「射暗箭」，乃至互相拆台製造醜聞的小動作，倒成了「不二法門」，頗為流行。

而所有這些，還都被看成是市場競爭意識強烈的表現。

我們在呼喚一種成熟的市場競爭觀的同時，是不是應該先培養一種成熟的「對手觀」？

日本三洋電機的創始人井植熏在向客人介紹自己企業的同時，總要帶著尊重的口氣，花幾乎相同的時間來介紹同行業的強勁對手：索尼、松下、夏普電器……

或許就是這種「尊重」，才使日本的電器能從一種集團的態勢傲然縱橫於世界市場。

對企業家來說，什麼時候學會了尊重對手和按牌理出牌，學會了選擇和研究對手，學會了以世界的眼光來看待產業進步和產品競爭，這才是真正地走進了世界經濟的殿堂。

222

追求實力，不圖虛名

政治人物或企業家應該高瞻遠矚，不應該熱衷於評獎等各類名目，給自己帶來聲望和其他利益，真正的榮譽應來自於實力和成績。

很多企業經營者熱衷於聲望的提高，喜歡參加「大企業家」、「企業名流」、「傑出才俊」等的評選。幾經周折，終於當選，頒獎大會風光熱鬧，報刊雜誌轟動一時，親朋好友慶賀一陣，事實上對企業家個人的領導經營能力、公司運行的好壞，並沒有實際的幫助，也無法增加個人財富。

更有甚者，只不過是被主辦單位利用作拉贊助、湊熱鬧的工具，背後反遭人恥笑、暗罵者，亦不在少數。企業家應重視的是「名實相符」、「實至名歸」。要名實相符、實至名歸，不可能靠少數人選拔、投票、抽籤或走後門得來，一定要靠自己的實力及經營的成效。只有實力與成效，才能保有你的地位與財富。

很多國家的政治人物，經常接受民意機構有關聲望的測驗。但是，很少有政治人

物在意這種測驗得來的聲望。因為，聲望就像溫度計的上升與下降一樣，一件偶然的善事，可能將你送上聲望的高峰，一件突發的事件，你的聲望也可因之跌入谷底。昨天的聲望與今天的聲望，甚至像股票的暴漲暴跌般，有天壤之別。假如政治家天天關心的是自己的聲望如何，那他簡直什麼事都不能做了。

經商也和從政一樣，不可過分在意自己的名望，更不可相信名望能為你帶來什麼實際利益，「虛名」只會累人而不會助人。實至名歸、名實相符的企業家，是在自然而然的情況下，得到社會大眾的認可，而不是靠大眾傳媒或選拔機構的吹噓瞎捧製造出來的。

過分在意名望的人，只會被人利用、恥笑。在吹捧情況下造出的聲望，被吹被捧的一方既不自在也不愜意，而吹捧的一方自己也不相信，最後等於是一場鬧劇。即使被吹被捧的人自以為是，末了也會發現是黃粱夢一場，什麼也沒得到。

有一種人以自己的名字上報為榮，作為得志之始。例如一大群重要人物至機場迎接或歡送某要人，第二天的報紙自然會寫：「……昨日至機場歡送的有×××、×××……等數百人」。那麼，就有那種到機場聊陪末座、端茶遞水的人，在機場拉

著記者到牆角：「拜託，一定要把我的名字掛上去，最後一個也可以。」回家之後，又不放心，三番兩次打電話懇求、拜託。

記者拗不過這種嘮叨，很勉強地把他的名字寫上去。這下子他自認為可以吹牛了：你們大家看，我的名字已經與這些重要人物擺在一起了。　副志得意滿、躊躇滿志的架勢。試想，用這種方式得來的「名」或「聲望」，有什麼意義可言，又有什麼令人尊敬之處呢？

商業的基本精神是追求利潤，企業家的責任在於財富的創造。只要你有能力追求利潤，創造財富，而又不忘記企業的社會責任，企業家的聲望自會如影隨形而來，實在用不著任何人的選拔或吹捧。反之，你經營的企業年年虧損，縱使你醉心於虛名的追求、聲望的培養，到頭來退股倒閉，這些虛名、聲望還不是有如春水東流一去不回嗎？

大都會文化圖書目錄

●度小月系列

路邊攤賺大錢【搶錢篇】	280 元	路邊攤賺大錢 2【奇蹟篇】	280 元
路邊攤賺大錢 3【致富篇】	280 元	路邊攤賺大錢 4【飾品配件篇】	280 元
路邊攤賺大錢 5【清涼美食篇】	280 元	路邊攤賺大錢 6【異國美食篇】	280 元
路邊攤賺大錢 7【元氣早餐篇】	280 元	路邊攤賺大錢 8【養生進補篇】	280 元
路邊攤賺大錢 9【加盟篇】	280 元	路邊攤賺大錢 10【中部搶錢篇】	280 元
路邊攤賺大錢 11【賺翻篇】	280 元	路邊攤賺大錢 12【大排長龍篇】	280 元
路邊攤賺大錢 13【人氣推薦篇】	280 元	路邊攤賺大錢 14【精華篇】	280 元

● DIY 系列

路邊攤美食 DIY	220 元	嚴選台灣小吃 DIY	220 元
路邊攤超人氣小吃 DIY	220 元	路邊攤紅不讓美食 DIY	220 元
路邊攤流行冰品 DIY	220 元	路邊攤排隊美食 DIY	220 元
把健康吃進肚子── 40 道輕食料理 easy 做	250 元		

●流行瘋系列

跟著偶像 FUN 韓假	260 元	女人百分百─男人心中的最愛	180 元
哈利波特魔法學院	160 元	韓式愛美大作戰	240 元
下一個偶像就是你	180 元	芙蓉美人泡澡術	220 元
Men 力四射─型男教戰手冊	250 元	男體使用手冊－ 35 歲＋♂保健之道	250 元
想分手？這樣做就對了！	180 元		

●生活大師系列

遠離過敏─打造健康的居家環境	280 元	這樣泡澡最健康─紓壓‧排毒‧瘦身三部曲	220 元
兩岸用語快譯通	220 元	台灣珍奇廟─發財開運祈福路	280 元
魅力野溪溫泉大發見	260 元	寵愛你的肌膚─從手工香皂開始	260 元
舞動燭光─手工蠟燭的綺麗世界	280 元	空間也需要好味道─打造天然香氛的 68 個妙招	260 元
雞尾酒的微醺世界─調出你的私房 Lounge Bar 風情	250 元	野外泡湯趣─魅力野溪溫泉大發見	260 元
肌膚也需要放輕鬆─徜徉天然風的 43 項舒壓體驗	260 元	辦公室也能做瑜珈─上班族的紓壓活力操	220 元

別再說妳不懂車—男人不教的 Know How	249 元	一國兩字—兩岸用語快譯通	200 元
宅典	288 元	超省錢浪漫婚禮	250 元
旅行，從廟口開始	280 元		

●寵物當家系列

Smart 養狗寶典	380 元	Smart 養貓寶典	380 元
貓咪玩具魔法 DIY—讓牠快樂起舞的 55 種方法	220 元	愛犬造型魔法書—讓你的寶貝漂亮一下	260 元
漂亮寶貝在你家—寵物流行精品 DIY	220 元	我的陽光・我的寶貝—寵物真情物語	220 元
我家有隻麝香豬—養豬完全攻略	220 元	SMART 養狗寶典（平裝版）	250 元
生肖星座招財狗	200 元	SMART 養貓寶典（平裝版）	250 元
SMART 養兔寶典	280 元	熱帶魚寶典	350 元
Good Dog—聰明飼主的愛犬訓練手冊	250 元	愛犬特訓班	280 元
City Dog—時尚飼主的愛犬教養書	280 元	愛犬的美味健康煮	250 元
Know Your Dog—愛犬完全教養事典	320 元		

●人物誌系列

現代灰姑娘	199 元	黛安娜傳	360 元
船上的 365 天	360 元	優雅與狂野—威廉王子	260 元
走出城堡的王子	160 元	殞逝的英格蘭玫瑰	260 元
貝克漢與維多利亞—新皇族的真實人生	280 元	幸運的孩子—布希王朝的真實故事	250 元
瑪丹娜—流行天后的真實畫像	280 元	紅塵歲月—三毛的生命戀歌	250 元
風華再現—金庸傳	260 元	俠骨柔情—古龍的今生今世	250 元
她從海上來—張愛玲情愛傳奇	250 元	從間諜到總統—普丁傳奇	250 元
脫下斗篷的哈利—丹尼爾・雷德克里夫	220 元	蛻變—章子怡的成長紀實	260 元
強尼戴普—可以狂放叛逆，也可以柔情感性	280 元	棋聖 吳清源	280 元
華人十大富豪—他們背後的故事	250 元	世界十大富豪—他們背後的故事	250 元
誰是潘柳黛？	280 元		

●心靈特區系列

每一片刻都是重生	220 元	給大腦洗個澡	220 元
成功方與圓—改變一生的處世智慧	220 元	轉個彎路更寬	199 元
課本上學不到的 33 條人生經驗	149 元	絕對管用的 38 條職場致勝法則	149 元
從窮人進化到富人的 29 條處事智慧	149 元	成長三部曲	299 元

心態—成功的人就是和你不一樣	180 元	當成功遇見你—迎向陽光的信心與勇氣	180 元
改變，做對的事	180 元	智慧沙	199 元（原價 300 元）
課堂上學不到的 100 條人生經驗	199 元（原價 300 元）	不可不防的 13 種人	199 元（原價 300 元）
不可不知的職場叢林法則	199 元（原價 300 元）	打開心裡的門窗	200 元
不可不慎的面子問題	199 元（原價 300 元）	交心—別讓誤會成為拓展人脈的絆腳石	199 元
方圓道	199 元	12 天改變一生	199 元（原價 280 元）
氣度決定寬度	220 元	轉念—扭轉逆境的智慧	220 元
氣度決定寬度 2	220 元	逆轉勝—發現在逆境中成長的智慧	199 元（原價 300 元）
智慧沙 2	199 元	好心態，好自在	220 元
生活是一種態度	220 元	要做事，先做人	220 元
忍的智慧	220 元	交際是一種習慣	220 元
溝通—沒有解不開的結	220 元	愛の練習曲—與最親的人快樂相處	220 元
有一種財富叫智慧	199 元	幸福，從改變態度開始	220 元

● SUCCESS 系列

七大狂銷戰略	220 元	打造一整年的好業績—店面經營的 72 堂課	200 元
超級記憶術—改變一生的學習方式	199 元	管理的鋼盔—商戰存活與突圍的 25 個必勝錦囊	200 元
搞什麼行銷— 152 個商戰關鍵報告	220 元	精明人聰明人明白人—態度決定你的成敗	200 元
人脈＝錢脈—改變一生的人際關係經營術	180 元	週一清晨的領導課	160 元
搶救貧窮大作戰？ 48 條絕對法則	220 元	搜驚 ‧ 搜精 ‧ 搜金 —從 Google 的致富傳奇中，你學到了什麼？	199 元
絕對中國製造的 58 個管理智慧	200 元	客人在哪裡？—決定你業績倍增的關鍵細節	200 元
殺出紅海—漂亮勝出的 104 個商戰奇謀	220 元	商戰奇謀 36 計—現代企業生存寶典 I	180 元
商戰奇謀 36 計—現代企業生存寶典 II	180 元	商戰奇謀 36 計—現代企業生存寶典 III	180 元
幸福家庭的理財計畫	250 元	巨賈定律—商戰奇謀 36 計	498 元
有錢真好！輕鬆理財的 10 種態度	200 元	創意決定優勢	180 元
我在華爾街的日子	220 元	贏在關係—勇闖職場的人際關係經營術	180 元
買單！一次就搞定的談判技巧	199 元（原價 300 元）	你在說什麼？— 39 歲前一定要學會的 66 種溝通技巧	220 元
與失敗有約 — 13 張讓你遠離成功的入場券	220 元	職場 AQ —激化你的工作 DNA	220 元

智取—商場上一定要知道的 55 件事	220 元	鏢局—現代企業的江湖式生存	220 元
到中國開店正夯《餐飲休閒篇》	250 元	勝出！—抓住富人的 58 個黃金錦囊	220 元
搶賺人民幣的金雞母	250 元	創造價值—讓自己升值的 13 個秘訣	220 元
李嘉誠談做人做事做生意	220 元	超級記憶術（紀念版）	199 元
執行力—現代企業的江湖式生存	220 元	打造一整年的好業績—店面經營的 72 堂課	220 元
週一清晨的領導課（二版）	199 元	把生意做大	220 元
李嘉誠再談做人做事做生意	220 元	好感力—辦公室 C 咖出頭天的生存術	220 元
業務力—銷售天王 VS. 三天陣亡	220 元	人脈＝錢脈—改變一生的人際關係經營術（平裝紀念版）	199 元
活出競爭力—讓未來再發光的 4 堂課	220 元	選對人，做對事	220 元
先做人，後做事	220 元		

●都會健康館系列

秋養生—二十四節氣養生經	220 元	春養生—二十四節氣養生經	220 元
夏養生—二十四節氣養生經	220 元	冬養生—二十四節氣養生經	220 元
春夏秋冬養生套書	699 元（原價 880 元）	寒天—0 卡路里的健康瘦身新主張	200 元
地中海纖體美人湯飲	220 元	居家急救百科	399 元（原價 550 元）
病由心生— 365 天的健康生活方式	220 元	輕盈食尚—健康腸道的排毒食方	220 元
樂活，慢活，愛生活—健康原味生活 501 種方式	250 元	24 節氣養生食方	250 元
24 節氣養生藥方	250 元	元氣生活—一日の舒暢活力	180 元
元氣生活—夜の平靜作息	180 元	自療—馬悅凌教你管好自己的健康	250 元
居家急救百科（平裝）	299 元	秋養生—二十四節氣養生經	220 元
冬養生—二十四節氣養生經	220 元	春養生—二十四節氣養生經	220 元
夏養生—二十四節氣養生經	220 元	遠離過敏—打造健康的居家環境	280 元
溫度決定生老病死	250 元	馬悅凌細說問診單	250 元
你的身體會說話	250 元	春夏秋冬養生—二十四節氣養生經（二版）	699 元
情緒決定你的健康—無病無痛快樂活到 100 歲	250 元		

● CHOICE 系列

入侵鹿耳門	280 元	蒲公英與我—聽我說說畫	220 元
入侵鹿耳門（新版）	199 元	舊時月色（上輯＋下輯）	各 180 元
清塘荷韻	280 元	飲食男女	200 元
梅朝榮品諸葛亮	280 元	老子的部落格	250 元
孔子的部落格	250 元	翡冷翠山居閒話	250 元
大智若愚	250 元	野草	250 元

清塘荷韻（二版）	280 元	舊時月色（二版）	280 元

● FORTH 系列

印度流浪記—滌盡塵俗的心之旅	220 元	胡同面孔—　古都北京的人文旅行地圖	280 元
尋訪失落的香格里拉	240 元	今天不飛—空姐的私旅圖	220 元
紐西蘭奇異國	200 元	從古都到香格里拉	399 元
馬力歐帶你瘋台灣	250 元	瑪杜莎艷遇鮮境	180 元
絕色絲路　千年風華	250 元		

●大旗藏史館

大清皇權遊戲	250 元	大清后妃傳奇	250 元
大清官宦沉浮	250 元	大清才子命運	250 元
開國大帝	220 元	圖説歷史故事—先秦	250 元
圖説歷史故事—秦漢魏晉南北朝	250 元	圖説歷史故事—隋唐五代兩宋	250 元
圖説歷史故事—元明清	250 元	中華歷代戰神	220 元
圖説歷史故事全集　　880 元（原價 1000 元）		人類簡史—我們這三百萬年	280 元
世界十大傳奇帝王	280 元	中國十大傳奇帝王	280 元
歷史不忍細讀	250 元	歷史不忍細讀 II	250 元
中外 20 大傳奇帝王（全兩冊）	490 元		

●大都會運動館

野外求生寶典—活命的必要裝備與技能	260 元	攀岩寶典— 　安全攀登的入門技巧與實用裝備	260 元
風浪板寶典— 　駕馭的駕馭的入門指南與技術提升	260 元	登山車寶典— 　鐵馬騎士的駕馭技術與實用裝備	260 元
馬術寶典—騎乘要訣與馬匹照護	350 元		

●大都會休閒館

賭城大贏家—逢賭必勝祕訣大揭露	240 元	旅遊達人— 　行遍天下的 109 個 Do & Don't	250 元
萬國旗之旅—輕鬆成為世界通	240 元	智慧博奕—賭城大贏家	280 元

●大都會手作館

樂活，從手作香皂開始	220 元	Home Spa & Bath — 　玩美女人肌膚的水嫩體驗	250 元

愛犬的宅生活—50 種私房手作雜貨	250 元	Candles 的異想世界—不思議の手作蠟燭魔法書	280 元
愛犬的幸福教室—四季創意手作 50 賞	280 元		

●世界風華館

環球國家地理 · 歐洲（黃金典藏版）	250 元	環球國家地理 · 亞洲 · 大洋洲（黃金典藏版）	250 元
環球國家地理 · 非洲 · 美洲 · 兩極（黃金典藏版）	250 元	中國國家地理 · 華北 · 華東（黃金典藏版）	250 元
中國國家地理 · 中南 · 西南（黃金典藏版）	250 元	中國國家地理 · 東北 · 西東 · 港澳（黃金典藏版）	250 元
中國最美的 96 個度假天堂	250 元	非去不可的 100 個旅遊勝地 · 世界篇	250 元
非去不可的 100 個旅遊勝地 · 中國篇	250 元	環球國家地理【全集】	660 元
中國國家地理【全集】	660 元	非去不可的 100 個旅遊勝地（全二冊）	450 元
全球最美的地方—漫遊美國	250 元		

● BEST 系列

人脈＝錢脈—改變一生的人際關係經營術（典藏精裝版）	199 元	超級記憶術—改變一生的學習方式	220 元

● STORY 系列

失聯的飛行員—一封來自 30,000 英呎高空的信	220 元	Oh, My God! —阿波羅的倫敦愛情故事	280 元
國家寶藏 1—天國謎墓	199 元	國家寶藏 2—天國謎墓 II	199 元
國家寶藏 3—南海鬼谷	199 元	國家寶藏 4—南海鬼谷 II	199 元
國家寶藏 5—樓蘭奇宮	199 元	國家寶藏 6—樓蘭奇宮 II	199 元
國家寶藏 7—關中神陵	199 元	國家寶藏 8—關中神陵 II	199 元
國球的眼淚	250 元		

● FOCUS 系列

中國誠信報告	250 元	中國誠信的背後	250 元
誠信—中國誠信報告	250 元	龍行天下—中國製造未來十年新格局	250 元
金融海嘯中，那些人與事	280 元	世紀大審—從權力之巔到階下之囚	250 元

●禮物書系列

印象花園 梵谷	160 元	印象花園 莫內	160 元
印象花園 高更	160 元	印象花園 竇加	160 元
印象花園 雷諾瓦	160 元	印象花園 大衛	160 元
印象花園 畢卡索	160 元	印象花園 達文西	160 元
印象花園 米開朗基羅	160 元	印象花園 拉斐爾	160 元
印象花園 林布蘭特	160 元	印象花園 米勒	160 元
絮語說相思 情有獨鍾	200 元		

●精緻生活系列

女人窺心事	120 元	另類費洛蒙	180 元
花落	180 元		

● CITY MALL 系列

別懷疑！我就是馬克大夫	200 元	愛情詭話	170 元
唉呀！真尷尬	200 元	就是要賴在演藝	180 元

●親子教養系列

孩童完全自救寶盒（五書＋五卡＋四卷錄影帶） 3,490 元（特價 2,490 元）	孩童完全自救手冊一 這時候你該怎麼辦（合訂本）	299 元
我家小孩愛看書一 Happy 學習 easy go！	200 元	天才少年的 5 種能力	280 元
哇塞！你身上有蟲！一學校忘了買、老師 不敢教，史上最髒的科學書	250 元	天才少年的 5 種能力（二版）	280 元

◎關於買書：
1. 大都會文化的圖書在全國各書店及誠品、金石堂、何嘉仁、敦煌、紀伊國屋、諾貝爾等連鎖書店
   均有販售，如欲購買本公司出版品，建議你直接洽詢書店服務人員以節省您寶貴時間，如果書店
   已售完，請撥本公司各區經銷商服務專線洽詢。
   北部地區：(02)85124067　桃竹苗地區：(03)2128000
   中彰投地區：(04)27081282 或 22465179　雲嘉地區：(05)2354380
   臺南地區：(06)2642655　高屏地區：(07)2367015
2. 到以下各網路書店購買：
   大都會文化網站（http://www.metrobook.com.tw）
   博客來網路書店（http://www.books.com.tw）
   金石堂網路書店（http://www.kingstone.com.tw）
3. 到郵局劃撥：
   戶名：大都會文化事業有限公司　帳號：14050529
4. 親赴大都會文化買書可享 8 折優惠。

用人才創造錢財

作　　　者	王祥瑞
發 行 人	林敬彬
主　　編	楊安瑜
編　　輯	李彥蓉
內頁編排	帛格有限公司
封面設計	101廣告有限公司
出　　版	大都會文化事業有限公司　行政院新聞局北市業字第89號
發　　行	大都會文化事業有限公司
	11051台北市信義區基隆路一段432號4樓之9
	讀者服務專線：(02)27235216
	讀者服務傳真：(02)27235220
	電子郵件信箱：metro@ms21.hinet.net
	網　　　　址：www.metrobook.com.tw
郵政劃撥	14050529 大都會文化事業有限公司
出版日期	2010年7月初版一刷
定　　價	220元
I S B N	978-986-6846-94-6
書　　號	SUCCESS-046

Chinese (complex) copyright © 2010 by Metropolitan
Culture Enterprise Co., Ltd.
4F-9, Double Hero Bldg., 432, Keelung Rd., Sec. 1,
Taipei 11051, Taiwan
Tel:+886-2-2723-5216　Fax:+886-2-2723-5220
Web-site:www.metrobook.com.tw
E-mail:metro@ms21.hinet.net

國家圖書館出版品預行編目資料

借力：用人才創造錢財／王祥瑞著. -- 初版. --
臺北市：大都會文化, 2010. 07
　冊；　公分. -- (Success ; 46)
ISBN 978-986-6846-94-6（平裝）
1. 人事管理　2. 人才
494.3　　　　　　　　　　　99010228

大都會文化　讀者服務卡

書名：**借力—用人才創造錢財**

謝謝您選擇了這本書！期待您的支持與建議，讓我們能有更多聯繫與互動的機會。

A. 您在何時購得本書：_____年_____月_____日

B. 您在何處購得本書：_____書店，位於_____(市、縣)

C. 您從哪裡得知本書的消息：

　　1.□書店　2.□報章雜誌　3.□電台活動　4.□網路資訊

　　5.□書籤宣傳品等　6.□親友介紹　7.□書評　8.□其他

D. 您購買本書的動機：（可複選）

　　1.□對主題或內容感興趣　2.□工作需要　3.□生活需要

　　4.□自我進修　5.□內容為流行熱門話題　6.□其他

E. 您最喜歡本書的：（可複選）

　　1.□內容題材　2.□字體大小　3.□翻譯文筆　4.□封面　5.□編排方式　6.□其他

F. 您認為本書的封面：1.□非常出色　2.□普通　3.□毫不起眼　4.□其他

G. 您認為本書的編排：1.□非常出色　2.□普通　3.□毫不起眼　4.□其他

H. 您通常以哪些方式購書:(可複選)

　　1.□逛書店　2.□書展　3.□劃撥郵購　4.□團體訂購　5.□網路購書　6.□其他

I. 您希望我們出版哪類書籍：（可複選）

　　1.□旅遊　2.□流行文化　3.□生活休閒　4.□美容保養　5.□散文小品

　　6.□科學新知　7.□藝術音樂　8.□致富理財　9.□工商企管　10.□科幻推理

　　11.□史哲類　12.□勵志傳記　13.□電影小說　14.□語言學習（____語 ）

　　15.□幽默諧趣　16.□其他

J. 您對本書(系)的建議：

_____

K. 您對本出版社的建議：

_____

讀者小檔案

姓名：_____　性別：□男 □女　生日：____年____月____日

年齡：□20歲以下 □21～30歲 □31～40歲 □41～50歲 □51歲以上

職業：1.□學生 2.□軍公教 3.□大眾傳播 4.□服務業 5.□金融業 6.□製造業

　　　7.□資訊業 8.□自由業 9.□家管 10.□退休 11.□其他

學歷：□國小或以下 □國中 □高中／高職 □大學／大專 □研究所以上

通訊地址：_____

電話：（H）_____（O）_____傳真：_____

行動電話：_____E-Mail：_____

◎謝謝您購買本書，也歡迎您加入我們的會員，請上大都會文化網站 www.metrobook.com.tw
登錄您的資料。您將不定期收到最新圖書優惠資訊和電子報。

用人才創造錢財

北 區 郵 政 管 理 局
登記證北台字第9125號
免 貼 郵 票

大都會文化事業有限公司

讀 者 服 務 部 　　收

11051台北市基隆路一段432號4樓之9

寄回這張服務卡〔免貼郵票〕

您可以：

◎不定期收到最新出版訊息

◎參加各項回饋優惠活動